產婦身心與新生兒照護指南，
陪妳做不完美的快樂媽媽

孕期就該知道的 產後100天

高寶書版集團

\ 序 /

產後？慘後？

「即便產前已經做足心理準備，實在沒想到小寶貝竟然讓我如此崩潰！」

「產前捧上天，產後落入凡間！」

「產前都只檢查胎兒染色體或結構是否正常，卻沒告訴我產後的生活日常！」

當婦產科醫師十幾年，在妳們生完孩子之後的回診，最常聽到的抱怨就是帶孩子真的好累，如果產前能夠有人告訴我產後發生的真實狀況，而不是粉飾太平的美好，讓我能夠提早做足心理準備，那該有多好！

事實上，產後 100 天，真的是人生的一大轉變，從兩人世界多了個小不點，妳從別人的女兒變成別人的母親，從被人呵護變成呵護別人，甚至妳還不能跟他溝通，只能猜測他在哭什麼，是不是餓著了，是不是該換尿布，連他有沒有呼吸都要伸手去摸摸看，重點是，他連正眼都不看妳一眼，也不會說謝謝。

但很多時候壓力是自己給自己的，現代網路資訊太發達，一有疑慮就問臉書或 Google 大神，好像不按照大家所謂的標準動

作稍有偏離，就是罪不可赦大錯特錯。放下吧！這些沒什麼大不了，只要掌握幾個觀察孩子的重點，他會乖乖長大的。

而「產後女人的心理轉變」是很細微卻很明顯的，荷爾蒙的作祟會讓妳特別敏感玻璃心，別人無心的一句話，很容易會無限放大或鑽牛角尖，該怎麼學會當個差不多的媽媽，別把所有事情都往自己身上攬，隊友能不能在這個時期扮演稱職的角色，這段期間特別考驗兩個人智慧。

產後經驗，不管妳甘之如飴，或是苦往心裡吞，時間過了回頭看整個過程，這 100 天的人生變化可能大過妳人生前 30 年。生兒育女這件事看似平凡普通，卻蘊含著許許多多的人生哲理在裡頭，孩子與生俱來的個性，其實就是為了修煉父母的不足之處，這句話真的一點都沒錯。

產後，慘後，一線之隔，一念之間，這本書的目的，不是告訴妳孩子要贏在人生起跑點，不是教妳如何教出一個天才寶貝，也不是要妳幫孩子潛能開發，只是真切的協助妳度過這瞬息萬變的產後 100 天，怎麼觀察孩子的狀況？怎麼調適更健康的心理狀態？怎麼讓不適應的過程縮短，讓隊友相互扶持陪伴？

希望每一個妳都能夠在書中獲得滿滿的啟發與收穫，祝福每一個家庭，笑聲不斷，永保安康。

禾馨醫療營運長暨禾馨婦產科院長　

＼ 序 ／
獻給妳的書

　　本書獻給懷孕中的妳，滿心期待寶寶的妳惱公，以及你們身邊的公公婆婆老爸老媽所有三姑六婆們。

第一，愛你們的寶寶。

　　還記得第一次透過超音波看到寶寶撲通撲通的心跳，為之驚嘆難以言喻的心情吧。這個小生命漸漸在妳的子宮內成長茁壯，妳可能因為孕吐吃得不多，但寶寶還是很安穩的一點一滴長大；妳可能肚子大到有點喘，晚上輾轉難眠，但寶寶還是安安靜靜的休憩。一切都如此神奇而美好。

　　每次產檢惱公見到寶寶都十分雀躍，結束後就會手牽手帶我去挑個玩具送給未來的寶寶，這是最甜美的時刻，惱公屬於早發型母愛大噴發。而我，擔心運氣很差生的不是天使寶寶，和護理師約了在禾馨托嬰到 18 歲我再帶回家。但沒想到，寶寶出生後，雖然長得不像我、不像惱公，也不像我們的婦產科醫師，但還是越看越愛不釋手，一出院我就把寶寶抱回家了。徐碩澤之男這名字到了滿月之後我還是覺得很新奇，多了個拖油瓶不再灑脫了呢。然而日復一日，至今還是很享受和寶寶親親抱抱的時光，我想我

屬於晚發型母愛大噴發。

第二，愛妳的惱公。

　　對寶寶的愛，絕對是天生的。但產後 100 天幸福的關鍵，是妳的枕邊人惱公。怎麼可能？是的沒錯。

　　雖然我產後第 4 天就開始下床掃超音波，第 8 天就開始值班看診，心想身在禾馨的我倘若無法全母奶，還有什麼工作更母嬰親善呢？因此我盡量不誤餐也避免挑食，確保母乳的營養均衡，努力在看診和查房空檔擠出 20 分鐘來擠乳，想到回家寶寶有珍貴的母奶感到十分欣慰。然而有天晚上，惱公去溫奶，貪快把溫奶器開到最強，卻忘記時間，把玩著寶寶的我想說怎麼那麼久，發現時母奶摸起來已經快 60 度了，大發雷霆。「我每天上班擠得那麼辛苦，被你一加熱抗體都屎光光了，該不會好幾個月我夜診時你都這樣隨意加熱母奶吧。氣屎我了。」我氣到 3 天不和惱公講話，以上氣話還是上班時 line 給惱公的，越想越氣，甚至想下班就去辦離婚。

　　回想起來真的十分荒謬可笑啊。沒錯，不論原本的妳多麼理智又冰雪聰明，事業做多大，每 3 到 4 小時不得不醒來餵奶，睡眠長期被剝奪，會讓妳變得如此敏感易怒，負面情緒油然而生，造成兩人關係的緊繃。此時不宜做任何重大決定，例如買賣房屋或土地，或是要不要休了惱公之類的。快翻翻妳手機裡的照片吧，想當初他追妳時風度翩翩的模樣，肚子還小頭髮正多簡直媲美孔劉啊；想當初他求婚也有單膝下跪，忍痛花好幾個月的薪水買了Cartier；想當初妳不想生孩子、或生完孩子就想上班，他很識相

地擋住妳公婆的叨念，讓妳耳根好清靜。天底下怎麼會有這麼好的惱公啊，是不是該啾啾他了。研究指出，惱公越樂觀、情緒越穩定，家庭越幸福。因為天底下所有的惱婆都很 crazy，但妳我都不會承認。莫忘初心，育兒路上給惱公更多的信任、愛與鼓勵，他就會繼續每天洗奶瓶、為寶寶把屎把尿說故事，還樂在其中呢。

第三，愛妳自己。

　　產後 100 天內抱寶寶回診，往往妳肚子還凸，眼皮很垂，穿著寬鬆的衣服方便哺乳，假睫毛沒空重接，蓬鬆亂髮也沒空修剪，明明拿著 A4 紙或手機問問題，卻還是無限迴圈，這題到底問過了沒？沒關係我也是。我每天都頭重腳輕，懷疑人生。惱公雖身為基督徒，終於有天兩眼空洞的問我：「寶寶晚上一直哭、病人都不會好、博士班好難念、考試我都不會寫，好久沒睡好覺……我可以跳樓痣殺嗎？」不行，當然不行，痣殺不能解決問題。但時間會治癒一切。是的，往往過了 100 天妳就會恢復前凸後翹的窈窕身材，穿著低胸和熱褲，翹睫毛和光療指甲，頂著最潮髮型和精緻妝容回診。因為妳的寶寶已經成功睡過夜，或者，妳已經看破一切習以為常了。

　　某天我在診間發現學弟的 google 帳號大頭貼是位巧笑倩兮的女孩，定睛一看，看了三遍還是十分可疑。「疑，學弟這是你老婆嗎？怎麼不太像！」「噢，這是我的女神！」「什麼啊我要去告狀！」「可是我老婆知道啊 XD」這是什麼宅男回答啊。突然間，晴天霹靂。曾幾何時，惱公婚前把我捧在手心，懷孕後更是呵護備至，凡事不敢忤逆我，待遇有如女神般。然而產後，我就

變成了屎豬。

「欸欸欸不要再睡了，你兒子叫妳，屎豬，快掏出妳的奶來。」、「今天吃什麼晚餐，外送妳叫好了嗎，屎豬，該不會要餓扁我們父子倆吧。」是我小腹太大嗎？怎麼落差如此大，我還是想不透。總之，千萬不能讓這種事發生在妳身上。產後務必定期保養，拋下一切，好好疼愛自己，將燙手山芋寶寶丟包給保姆，或給阿公阿媽培養祖孫感情，請給這些幫手最大的信任（寶寶還有呼吸就好，其他都別在意），來個閨蜜下午茶，或一個人幽靜的閱讀時光，甚至和惱公親密約會，或無憂無慮的血拚時光。僅以這本小書來幫助妳應付與寶寶初見面的 100 天，少一些焦慮，多一些時間來呵護自己的身心靈。

感謝思宏院長，對孕婦對醫療的無比熱忱深深撼動著我；感謝蘇老大創建了禾馨，讓我們的溫暖可以傳遞給無數的爸媽寶寶與家庭；感謝生命中曾經的師長、同事、爸媽與小病人，你們塑造了我；也感謝我的惱公、寶寶、家人與神，是我最大的依靠。

小禾馨民權小兒專科診所主治醫師　徐嫚澤

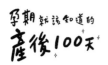

推薦序

巫漢盟 阿包醫生

（小禾馨民權小兒專科診所主治醫師）

　　「一孕傻三年」這句話所言不假，因為阿包醫生這幾年在查房時和門診中遇到不少趣事，主要是因為媽媽在生完寶寶後，一身狼狽又要忙著餵奶，要兼顧的事項太多，導致有時會出現認知錯誤或是健忘的狀況。

　　好在我們的城武院長林思宏醫師和嬰兒室主任徐碩澤醫師在這時候寫出了這本爸媽必買的育兒攻略書！因為書中把產後可能遇到的問題，都給妳們說到底啦！

　　阿包醫生在門診遇到出院後第一次帶寶寶回診的媽媽，少部份第二、三胎的媽媽看起來神采奕奕、精神抖擻，但大多數的新手媽媽看起來都是驚魂未定加上疲憊不堪，因為除了還在跟家中這位新成員培養默契中，周遭的親友或摯愛的隊友能否給予最有力的支持，還是落井下石，往往決定未來育兒之路艱辛與否！

　　雖說周遭人的關心與雞婆我們無法控制，但透過提前了解產後生活，知道接下來可能遭遇的狀況，大家才能及早作事前的準

備，我相信這本書裡把許多重點都清楚地說明，預備做爸媽的你，一定要好好研讀才行！

當寶寶的臍帶剪斷呱呱落地時，育兒之路才正式開始，這條路絕對不輕鬆，但我提醒媽媽們，要懂得多愛自己一些，多放過自己一些，一旦撐過產後 100 天，相信妳能慢慢恢復自我，在小姐和媽媽的角色間漸漸找回一個平衡點，而孩子永遠是妳甜蜜的負擔！

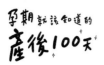

推薦序

陳保仁

（禾馨民權婦幼診所院長、婦產身心醫學會理事長）

當了將近 30 年婦產科醫師，幫無數女性照護了最私密的地方，也跟許多媽媽們共同迎接新生命的誕生，一起聽見寶貝們來到世界的第一次哭聲，不管是在產台，診間甚至網路上，都有許多女性跟我分享她們的心情，除了喜悅與感動外，當然包含了不安、焦慮、擔心與憂傷，懷孕、待產、生產到產後真的是人生特別的經歷。

少子化一直是這幾年的熱門議題，當然很多因素導致這個結果，婦產科醫師可以做的是，讓所有產婦除了健康順利生產外，讓她們有一個愉快溫暖以及讓人愛上的生產經驗，這部分在我服務的禾馨醫療，已經見到成效，很多媽媽在產後甚至產台上就表示，太棒的生產經驗，希望可以再次體驗生產經驗。

可是產後真的生完就好了嘛？月子 1 個月後就恢復正常了嗎？

　　個人提出產後恢復 5 個重點，包含皮毛（孕斑、妊娠紋、落髮）／情緒（產後憂鬱）／身材（體重、曲線以及鬆弛，包含胸部、肚皮、私密處、漏尿）／親密關係（性慾低下）／人際家庭（夫妻、婆媳以及親子教養等），這些都不是短時間自然就可以恢復的，有時候真的需要醫療上的協助。

　　禾馨民權院區成立了產後恢復暨形體美學中心，3 年來協助非常多媽媽，擺脫以上的困擾，有媽媽因為妊娠紋改善才說出因為上一胎妊娠紋太嚴重，讓她不願意生育第二胎，治療後很快就孕育了老二；有媽媽因為肚皮鬆弛，產後半年還在捷運上被讓座，導致身心受創，我們提供腹部整形手術，迅速解決她的困擾；3 年來更協助超過數百名產後漏尿以及私密處鬆弛困擾的媽媽。然而，更多女性告訴我們，他們不知道這些是可以改善的。

　　2018 年我們更邀請直腸科醫師一起解決產後困擾的痔瘡問題，目前每個月都有數十位媽媽接受到手術矯正的協助，下一步，我們邀請了專業美容醫學專家，一起處理臉部鬆弛，尤其是眼部問題，要讓產後媽媽能夠一掃陰影，享受為母的驕傲。

　　這本書作者林思宏院長跟徐碩澤主任，其中思宏院長除了是明星專屬醫師外，學識技術以及看診時的幽默貼心，得到眾多孕產婦的喜愛，除了產前、產中、產後的母體恢復外，還考量到產後關心的焦點都在小朋友身上；徐醫師是新生兒專家，本身也剛身為人母，對於產後媽媽的煩惱更有切身感受，他們一起出了這本好書，身為「品格高尚的婦產科醫師」，衷心推薦大家閱讀參考這本著作，一定可以讓大家「懷孕待產有時盡，產後幸福無絕期」！

推薦序

蘇怡寧

（禾馨醫療／慧智基因執行長）

生產，這件事情很重要。

因為，它會改變許多人的人生，改變妳的人生，改變你們夫妻倆的人生，改變一整個家庭的人生。

從產前的期待，到關於生產的焦慮，直到產後的許多挑戰與改變，不管是生理上、心理上的變化與對於未知的惶恐與壓力，這些所有的種種，我完全可以理解孕媽咪這一路走來為什麼腦波會變得很弱很弱。

產後 100 天。

妳不需要的，是坊間那些根深蒂固的傳統迷思：坐月子可不可以洗澡？坐月子可不可以洗頭？坐月子是不是一定要喝米酒水？坐月子是不是一定不可以出去吹風？坐月子不可以吃冰的？坐月子一定要喝很多雞酒？

妳不需要的，是網路上那些未經求證也不知道都是從哪裡來

的亂七八糟訊息來教妳帶小孩。

　　妳不需要的，是隔壁鄰居生過 6 個小孩全部都念博士超有經驗的大媽來告訴妳她以前都怎麼做，在那個年代連是不是雙胞胎都要等出生的時候才知道呢！

　　妳需要的，是一盞明燈，需要的是有人用科學的觀念告訴妳，在 21 世紀的現在怎麼度過這產後 100 天。這是妳邁向全新人生的橋樑。

　　因為很重要，所以，這本書出現了。

孕期 就該知道的
產後100天

PART 1　第 *0* 天

迎 接 —— 孩 子 降 臨 那 天

PART 2　第 *1-7* 天

嗨 ！寶 寶 —— 我 是 媽 媽 了 ！

PART 4　第 7-30 天

坐月子──
當爸媽之後才開始學習當爸媽

PART 4　第 30-60 天

回家 —— 從未想像的手忙腳亂

PART 5　第 *60-100* 天

不 可 逆 的 旅 程 ——
做 個 不 完 美 的 快 樂 媽 媽

PART 1

第 0 天

迎接——
孩子降臨那天

戰鬥力
指數

- 產前買什麼？
  新生兒的必需品採購

- 孕婦身心待產包

- 那些充滿歡樂的分娩
  時光

- 生產的感動

產前買什麼？
新生兒的必需品採購

　　人生有幾個時期可以名正言順的購物，尤其是幫新生兒買東西，肯定買得理直氣壯、買得冠冕堂皇、買得殺紅了眼、買得老公聞風喪膽（笑）。

　　我相信不用我說，很多新手爸媽從懷孕後期就開始逛網拍，在各大團購網下單，想著怎麼替寶寶打扮或佈置嬰兒床。但是大家都知道養孩子是很燒錢的，腦波一弱，荷包就痛。所以呢，我整理出以下妳絕對會需要的新生兒必購清單，希望大家都先把錢花在刀口上，繳卡費時血壓才不會衝太高。

汽車安全座椅

　　如果妳是汽車族，汽座必買程度請打五顆星！記得必買、必買、必買！

　　從寶寶一出生就應該、必須坐汽座，而且寶寶越早開始坐汽座，越快適應，等到稍微大了才要讓他坐汽座，下場往往是崩潰大哭。

　　在美國，生產的院所必須先確定爸媽有帶汽座，才會讓爸媽把寶寶接走，可見汽座的重要性。因為汽座的設計相當堅固，可

以承受撞擊的力量，一旦意外發生，坐汽座的半坐躺姿勢，也能避免在意外發生時承受激烈的撞擊力道，保護脖頸不會受傷。

請千萬別心存僥倖，認為只有一小段路，很快就到家，因為交通意外總是難以預料，妳可以控制自己的車速，但沒辦法干涉別人的技術。

既然汽座如此重要，請各位新手爸媽別貪便宜，建議買通過台灣、歐盟或美國認證的大牌子，才能確保安全。而且就務實的角度來看，每個有寶寶的家庭都必須購買汽座，妳買了有品牌的汽座，日後要脫手也容易得多。

如果寶寶出生了，汽座還沒送來怎麼辦？現在有些計程車，包括 Uber 都有提供汽座服務，只要打通電話叫車，就能安心的接寶寶回家，把所有風險降到最低。

汽車安全座椅指南

類型	建議年齡	美國兒科醫學會建議
面後式 Rear-facing	0-2 歲	提籃式汽車安全座椅建議使用到廠商標示的最大限重（大多是 15 公斤，2 歲左右），放後座並面後方，以避免煞車時寶寶頸部受傷。1-2 歲的寶寶腿較長，彎曲坐著是沒問題的喔。
面前式 Forward-facing	2-8 歲	超過提籃式汽車安全座椅限重後，可改面前式。
加高 Booster seats	8-12 歲	加高式汽車安全座椅使安全帶更合身的固定孩童，未滿 13 歲之前應坐後座較安全。
安全帶	13 歲以上	當孩童長得夠高，可單用安全帶固定。

衣巾被毯

　　新生兒是隨時會溢奶或噴屎的生物，加上又怕熱，所以選購衣物的指標就是透氣、舒適、好清洗為主，穿搭、風格什麼的，等大一點再說吧，有蕾絲、刺繡等可能讓寶寶皮膚不舒服的衣物，也請妳先從購物清單中移除。

　　而且因為要應付接二連三的吐奶和口水，口水巾、小方巾很重要，很重要！！很重要！！！建議可以多買一點，才不會洗到厭世。另外，寶寶比較怕熱，容易起疹子，其實不太需要特地買厚被子或毯子，有一種冷是媽媽婆婆覺得冷，其實孩子他自己的皮膚會有調控溫度的功能，太過擔心他會冷反而會讓孩子容易全身起熱疹，造成反效果。

嬰兒床

　　媽媽們！關於嬰兒床，請把一切夢幻的佈置都先捨棄吧！嬰兒床的佈置以「安全」為最高原則，盡量淨空，只要有個稍硬的床墊，不需要枕頭，因為剛出生的寶寶頭比較尖，就是天然的枕頭，直接躺下能讓呼吸道保持最暢通的狀態，若另外墊枕頭反而會使寶寶的呼吸道彎折，或是不小心悶住寶寶的鼻子。等到寶寶滿1歲，呼吸中樞成熟，轉頭、翻身、爬行都非常熟練後，即使鼻子悶住了，也可以自己轉頭呼吸時，再考慮讓寶寶墊枕頭即可。

　　我也建議最好不要擺絨毛娃娃，第一避免軟軟的材質一不小心塞住寶寶的鼻子，第二則是毛類的製品往往容易滋生塵蟎，是一種常見的過敏原，至於從嬰兒床上懸吊的安撫玩具則是沒有問題的。

尿布

尿布是新生兒必需品，但每個寶寶適應的牌子不一樣，建議不要在還沒確定寶寶適合哪個牌子之前，為了搶便宜而大量囤貨。可以先少量買來各種品牌試試看，或者妳也可以先放風聲，讓親友們送妳各種不同品牌的尿布，也是個好方法。當然，不管妳選什麼牌子，勤更換尿布才是預防嬰兒紅屁股最好的方法。

哺乳用品

親餵及瓶餵的哺乳必備用品統整於哺乳篇章（參考 p.102-103）。

清潔保養用品

購買清潔保養用品的原則跟尿布一樣，可以多方嘗試，不要一次買太多。如果寶寶皮膚比較敏感，建議不要買有香精或太多添加物的沐浴乳及乳液，可以選擇一些較為溫和、無特殊添加物的藥妝品牌。如果妳和老公有異位性皮膚炎，擔心寶寶有同樣嬌貴的膚質，可以一開始就選擇藥妝品牌中特別為異位性膚質寶寶設計的清潔保養用品，好好呵護寶貝的肌膚。

常備醫藥品

基本上，寶寶滿 3 個月前若有發燒症狀，都必須直接就醫，因為新生兒的變化很快，一不小心肺炎、尿道炎、敗血症就會接踵而來，所以強烈不建議自己當醫生讓寶寶自行服藥。

有些寶寶有紅屁屁問題，可以常備屁屁膏並勤更換尿布，以

溫水洗淨方式保持寶寶屁屁的清潔，假如情況較嚴重，例如有破皮狀況，還是回診給醫師檢查比較妥當。當然，為了哺乳，妳辛苦的乳房常常會有被咬破皮的現象，除了忍痛哺乳之外，舒緩乳頭破皮症狀的羊脂膏或滋養油也可一併備齊，以備不時之需。另外要提醒，大多蚊蟲藥都含有薄荷油成分，具有鎮定神經的效果，不太適合用在 2 歲前的寶寶身上。雖然看到寶寶被叮了滿頭包很心疼，也不建議隨便塗抹涼涼的藥膏，讓紅腫自行慢慢消退即可。

傢俱與寢具

老實説，一般家庭不需要為了迎接新生兒而更換傢俱或寢具，頂多等到寶寶再大一點，傢俱上可以安裝防撞條或是安全護網。反而是現在過敏兒的比例越來越高，但往往多數父母又不知道自己孩子的狀況，一昧地避免過敏原或是什麼益生菌都給他吞下去，其實很多的擔心是沒有必要的。我建議在孩子出生時進行「新生兒過敏原基因檢測」，因為有 70-80% 的過敏兒會在基因檢測中檢查出問題，若妳的孩子有高風險過敏基因帶因，避免過敏原這件事就非常非常重要，例如購買防蟎寢具及防蟎吸塵器、減少家中絨毛娃娃、移除地毯、每週清洗床單、被套及枕頭套等，才能降低寶寶過敏發生的機率。

當然啦，如果妳只是想趁此機會除舊佈新，要更換傢俱、寢具也不是不可以。反正要購物，還怕找不到理由嗎？

嬰兒推車

購買嬰兒推車，最重要的是試推，親自感受一下是否順手，

同時考慮現實狀況再下手購買。嬰兒推車大致可分為兩種，一是較大型、輪子也大，重量較重，如果妳平常以開車居多，且住家有電梯，就很適合選擇這種「戰車」，可減少顛簸；另一種則是比較輕巧好推，適合住公寓及常坐公共交通運輸工具的爸媽使用。

至於買什麼牌子的推車，越貴越大台推出場的氣勢當然比較威，但只要安全檢驗合格，對寶寶來說都差不多，唯一需要注意的是，出生 6 個月內的寶寶，背部肌肉還沒有力自己坐挺，最好是以躺平的狀態坐嬰兒車。有些推車可以直接將提籃架上去，如果寶寶正在睡覺，也不會因為換到車上而被吵醒；假如是不能直接架上提籃的嬰兒車，就必須多注意椅墊能否完全躺平。

另外，我知道帶寶寶出門很辛苦，總是大包小包，若妳習慣將東西掛在推車把手上，務必小心重心不穩的狀況喔，我就目睹過好幾次掛了太多東西的嬰兒推車差點連人帶車往後翻過去。

嬰兒房

現在大部分都提倡寶寶與父母「同室不同床」，是希望寶寶與爸媽在同個房間裡，但擁有自己的小床。這樣一來，妳能夠即時掌握寶寶的狀況，又可以避免許多危險（譬如妳翻身壓到寶寶）。但假如說家裡空間已規劃好一間嬰兒房，其實可以善用一些工具讓妳即使和寶寶不同室也能安心，例如有些攝影鏡頭可以隨時監控寶寶狀況，甚至也有能感應寶寶是否有正常呼吸的智能床墊，一旦感應到寶寶呼吸起伏有異，就會立刻發出警告音提醒。

不過如果跟寶寶分房睡，反而讓妳成天提心吊膽，那我想，還是睡在同一間會比較好哦！

診 間 對 話

焦慮婦：「林醫師，請問待產包要準備什麼東西？」

淡定林：「在我們禾馨生嗎？」

焦慮婦：「啊不然咧？」

淡定林：「那準備喜歡吃的零食餅乾、愛喝的飲料、美顏相機，以及藍
牙耳機播放器放自己喜歡的音樂！當然還有夫妻雙方身分證
及健保卡。」

焦慮婦：「……」

孕婦身心待產包

懷孕真的是件喜悅又「阿雜」的事情，孕婦本來就很容易為了小事而焦慮了，而將近臨盆時更是最焦慮的時期，因為妳不知道羊水什麼時候會破，寶寶又會在什麼時候來跟妳 say Hello！如果待在工作崗位上還好，至少有公事可以轉移注意力，假如是在家待產，可能成天都在想著聽人家說陣痛很痛到底有多痛多恐怖？現在這樣到底是不是陣痛？好像隨時都得手刀衝去醫院。

而且，不知道為什麼有些人只要生過 1、2 個孩子就變成專家，對於怎麼生孩子都很有一套看法，要不要催生、要不要打無痛，每個人出一張嘴，意見都不相同，就連妳去巷口買碗麵，賣麵阿姨都要提醒妳：不要剖腹產啦，自然產比較好！其實這些人根本不是什麼專家（應該是整人專家吧！），活脫脫要把妳逼瘋。

旁人的七嘴八舌，妳可以當作沒聽到，但有更多可能是妳自己心也不夠定，譬如跑去算塔羅牌，居然顯示排定剖腹或生產當天是大凶，不宜生產；如果是找算命老師，也可能被指出哪天出生的小孩命格不夠好，寶寶一定要幾點幾分出生接觸空氣才會是皇帝命（現在哪來的皇帝）……諸如此類好多好多的煩惱，每天在即將臨盆的妳心裡跑馬燈，如果加上隊友（老公）又跟妳意見不一致，那根本是火上加油。

但是妳知道嗎？這些擔心與焦慮，看在專業醫師眼中，都是小事。作為一位產科醫師，每天所做的就是化解妳跳針式的憂慮以及網路閱讀型的窮緊張，讓妳可以放下心中擔心大石。所以，在懷孕後期，與其聽巷口賣麵阿姨和算命師你一言我一語，不如好好準備讓身心進入待產狀態。

這個待產狀態可不是要妳一天 24 小時等著生孩子，首先是，通常滿 35、36 週後，就會準備好待產包，相信待產包怎麼準備，孕婦們都比我還有一套。對於分娩的過程或是各種未知，如果有擔心與害怕，請參考我的第一本書《樂孕》，並且相信妳選擇的醫生，相信他的建議。當然，這不代表醫生說什麼，妳就只能乖乖照做。我建議妳要在待產期間將關於生產的所有想法寫下來和醫師討論（對，一定要「寫下來」，不要太相信自己的記憶力），逐條列出妳對生產的期望與想法，例如要不要催生或打無痛？要不要浣腸？要不要剃毛或剪會陰？自然產還是剖腹產？妳必須勇於表達自己的意見，不吝於跟醫生溝通生產計畫，才能擁有滿意的生產過程。

另外，請**事先安排好其他可以臨時陪產的親友**，一旦產兆出現，隊友又不在身邊時，他們就能從旁協助。

除了實質上待產需要的準備之外，還有 3 件很重要的事，我個人覺得幫助很大，建議妳可以試試看，為了孩子出生後的巨大變化做好準備：

1. 懷孕後期，體力允許的狀況下，找一個熟識的親戚或朋友，自告奮勇幫他顧孩子兩天一夜，年齡不限（但如果已經超過

18 歲就算了吧）。提前體驗媽媽人生的殘酷，將來幻滅感才不會那麼重。

2. 針對妳日後可能會面臨的爆點，寫幾句勉勵自己的話，告訴自己凡事都過得去的，將這些文字放在產後最常看到的地方，例如存在手機裡的備忘錄、用便利貼貼在尿布袋或奶瓶上。喔，如果隊友願意，要刺青在他身上也行。

3. 提前準備好 3 個人選，作為產後快崩潰時傾訴的對象。一個是妳愛的人（通常是妳的老公……吧？），一個是愛妳的人（通常是妳老公或家人，但不要重複），以及一個最懂妳的人（通常是閨蜜）。生產後，會有很多意想不到的挑戰接踵而來，這 3 個人之中，總有一個會給妳無與倫比的力量。

　　如果妳照實做完以上準備，再搭配妳檢查過無數次的待產包，是否覺得如釋重負，下一秒進產房都沒問題？如果還是無法定下心來，多去外面走走逛逛，可以爬爬樓梯、做做瑜伽、練習深蹲，或是滿 37 週後開始練習按摩胸部、擠奶都沒問題，比妳悶在家窮緊張來得好。或者趕緊去接睫毛、霧眉，畢竟生產後狼狽，妳總不會希望 10 年後回首當時的紀念照片，才扼腕居然連眉毛都沒畫，雖然現在無他相機很方便，但坐月子時妳總要見客，即使不見訪客，看到鏡子中的自己有美美的眉毛跟睫毛，心情就是不一樣。又或者聽我一句，月子期間可能被限制的食物趕快去吃一輪，想喝珍奶嗎？那就放肆地喝一杯吧。

　　總之別焦慮了，反正再怎麼擔心，孩子要出生前也不會先傳 LINE 通知妳呀，放鬆心情迎接寶寶的到來吧！

\ 待產煩惱的小事 /

男寶寶要不要割包皮？

雖說生男孩、女孩一樣好，但如果確定寶寶是男孩，爸媽恐怕還多了一個小煩惱，那就是要不要讓寶寶割包皮。

「不割，怎麼知道寶寶會不會尿不出來？」這個疑問，時常出現在男寶爸媽的腦袋裡。其實呢，只要孕期間羊水狀況一切正常，就不必擔心「尿不出來」的問題。因為，羊水就是寶寶的尿啊！羊水正常代表他在妳肚子裡尿得好好的，怎麼可能一出生就尿不出來？

而割包皮其實是一種預防性動作，可以避免以下狀況：
①避免寶寶包皮過長，容易藏污納垢，清潔不徹底導致龜頭炎等發炎狀況，這些發炎可能會引起發燒或泌尿道感染。
②避免長大後包皮過長導致包莖狀況，勃起時雞雞出不來會很痛。
③美觀問題，包皮將龜頭包住不是很好看。

有許多爸媽會希望由小兒科醫師評估要不要割，這無疑是在為難彼此。因為，根據台灣的一些研究，剛出生的男寶寶大約 9 成 6 有生理性包莖，到了 7 歲降為 5 成，到了 13 歲，9

成的男子漢都再也不包莖了。但並非寶寶一出生就看得出來未來是否持續包皮過長或包莖。

所以，要不要替寶寶割包皮是父母可以自己決定的，如果不割心癢癢的，那就早點了卻這樁心事吧！一旦確定了，寶寶出生後 1-2 天之內就會在局部麻醉止痛之下進行手術，仔細想想，說不定孩子長大後會慶幸自己在未經人事，還不知道「痛」為何物時就解決了這件事哩！

你們也許會擔心，會不會一不小心，將孩子的包皮割得太短？這一點倒是不必煩惱，現在都是用相當進步的醫療方法，手術過程中會用一個套管割出固定長度，不太會有割太短的情形發生。

說了這麼多，妳的孕期待辦清單又多一項：「確定寶寶要不要割包皮」，真沒想到，人生居然有朝一日要為了一小塊皮煩惱不已吧，但，這就是父母的必經路程啊！

焦慮婦：「林醫師，有沒有什麼方法不要在公車上破水？這樣超級囧的！！」

淡定林：「有呀！就不要坐公車不就得了。」

焦慮婦：「……」

思宏的 OS：

破水沒有預兆，尷尬在所難免，但生孩子是喜事大家不會太在意的，而且生產趣事茶餘飯後可以聊一輩子。

那些充滿歡樂的分娩時光

談到生產，很多人會聞之色變，覺得是件超級恐怖的事。會這樣想很合理，畢竟光是想像將有 3、4 千公克大寶寶從陰道娩出，就跟一顆橘子從鼻孔噴出來一樣的令人難以置信。

可能是受到電視劇的影響吧，講到生產，大部分人會立刻聯想到滿身大汗、臉色蒼白的產婦，用力到聲嘶力竭、痛到罵老公，最後祖宗十八代都問候一輪了，孩子還沒生出來……這些刻板印象都讓人對生產這件事產生懼怕。

而歸納一下多數人對生產的印象，其實恐懼的源頭都在於「痛」。

妳一定聽媽媽阿姨輩的說過生小孩有多痛多痛，痛到日後再回首以前的經痛，根本是小菜一碟。不過，請記得一件事，現在是 21 世紀，醫療技術比起從前進步許多，尤其無痛分娩的出現，讓生產這件事變得很不一樣。

我必須說，在禾馨的生產過程，絕大多數的分娩時光都充滿了歡笑跟「練蕭威」，就像妳看到我分享過的產台對話一樣。而這樣快樂美好的生產經驗，關鍵就在於妥善運用「無痛分娩」。

　　在無痛分娩還沒被妥善運用時，最可能發生的狀況有兩種，一是要等到開兩指才能打無痛，所以很多產婦開一指就痛到崩潰了，即使後來打了無痛，到頭來，對於生產的印象也只剩下痛得要命的前半段；二是太晚了不能打，孩子都快生出來了，還打無痛根本浪費錢，但是對我來說，哪有什麼浪費不浪費？只要打了不會痛，哪怕只有 20 分鐘、半小時，就沒有所謂的浪費。

　　因此，當我們可以妥善運用無痛分娩，讓「痛」不再是生產時唯一的感覺，產婦的恐懼就會減少許多。我常常這樣比喻，生產就好比進鬼屋一樣，妳明明知道鬼是假的，但這種「黑暗」的不確定性就會讓妳感到害怕，但如果我們把燈光打開，可以看得到鬼在那裡，甚至是什麼機關在裝鬼，那我們根本就不會害怕啦，而「無痛分娩」就是生產時的那道光，給妳無比力量。

　　現在還有新的方式，在滿 39 週之後，可以跟妳的醫師約時間選擇催生，先打好無痛分娩再進行催生的動作，根本完全不會讓妳有痛的感覺，而且「催生比較容易吃全餐？」這樣的說法，其實大錯特錯，最新的醫學文獻已證實，催生後改成剖腹產的機率比自然陣痛還要來的低（只有 10%），新生兒出生後產生併發症的機率則跟自然陣痛沒有差異，所以我們必須相信科學的證據，而不是三姑六婆的耳語。

　　無痛分娩，改變了很多生產的過程。因為不那麼痛了，所以產婦在過程中可以起來走動、活動筋骨、坐產球，讓整個產程變得更順暢、舒服；因為不那麼痛了，醫生不再需要為了儘速減輕

妳的痛苦,而又急又趕的推肚子讓寶寶快點出來,所以妳可以在更舒服的情形下優雅生產。

即使子宮頸全開,得開始用力的時候,也沒有必要把無痛關掉,因為「不痛就不知道如何用力」根本是無稽之談。打個比方好了,難道妳每次大便都得肚子絞痛到不行,才知道如何用力嗎?(如果答案是肯定的,我想妳可能需要先掛腸胃科。)

由於上一代人生孩子,無痛分娩可能還不盛行,所以他們無法明白無痛分娩的好處,將無痛分娩發揮到淋漓盡致的狀況是:可以滿足妳對生產的所有想像。

怎麼說呢?因為整個生產的過程是很舒適的,所以在經過溝通的狀況下,我們可以由老公,甚至是媽媽本人來接生小孩;也因為妳不會痛到崩潰、罵老公,所以可以讓大寶陪產,藉此難得的機會進行生命教育,讓他知道弟弟妹妹是怎麼來的;更因為不痛,妳可以選擇自己剪臍帶、找攝影師拍攝生產的珍貴畫面……所有妳想要的,幾乎都能在這歡樂的產房實現,讓妳生了一胎還想再生下一胎。

生產不就應當如此嗎?寶寶在充滿歡樂的狀況下誕生,所有人都應該開開心心,就像是一齣喜劇充滿歡笑聲。妳和老公是笑的,醫師和護理師也是笑的,陪產的人也笑,只有嬰兒「罵罵號」,而且寶寶罵罵號得越大聲,大家也跟著笑得更大聲。

但即使無痛分娩有這麼多好處,我也必須要說,它絕對不是

「唯一」的方法，而是多了一個「選擇」。有的產婦不想要太多醫療介入，或者想體驗陣痛有多痛、想知道當年老媽是如何在沒有減痛的狀況下把自己生出來，因此選擇不用無痛分娩，決定不借外力、沒有醫療介入的自然生產或水中生產。

有「選擇」，我覺得就是一件很棒的事。因為生產最糟糕的不是痛，也不是累，而是毫無選擇。畢竟如果妳明明怕痛卻得忍到開兩指後才能打無痛，生產的美好記憶全被疼痛給覆蓋，生個孩子搞得身心受創，留下心理陰影，這絕對不是所有人樂見的。

有時候，我覺得我們真的很幸福，生在這個有多種選擇的年代，有太多工具和選項能讓生產成為一件簡單又美好的事情！讓產婦們回想起分娩時光不再是充滿疼痛與恐懼，或者恍若隔世且不願回憶的恐怖片，而在這個時代的婦產科醫師也是幸福的，才不會遭到崩潰的產婦辱罵（哈哈）。

林醫師：「來，媽媽不要緊張，我們來聽音樂好了，妳想要聽誰的歌？」

緊張媽：「周杰倫！！」

林醫師：「有沒有指定歌曲？」

緊張媽：「聽媽媽的話！！」

思宏的 OS：

就這樣，手術在 Repeat 10 次周杰倫的聽媽媽的話中順利結束。我想孩子一出生就接受薰陶，應該會很聽媽媽的話。

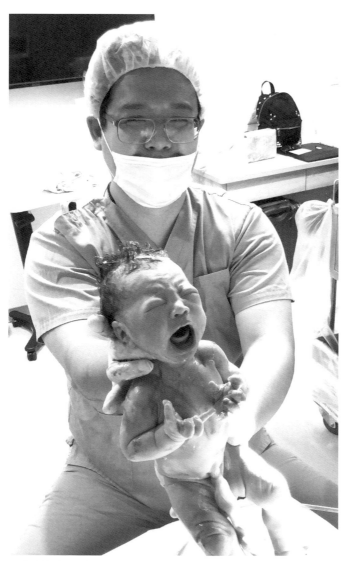

♥ 出生的瞬間，新生兒哇哇奮力哭喊的聲音，就是生命的力量。
　圖／Judy Cheng

生產的感動

對於婦產科醫師而言，這麼多年，我接生過也看過很多小孩，深深覺得，這應該是最能體會到「感動」的職業。

生產像是一場重要賽事，整個孕期，妳都忙著補充營養、吸收新知、練習體能、整頓裝備，以及適應著身體變化造成的種種不適，而這個過程平均長達 30 多週，需要強大的意志力及耐力。

準備這麼久，就是為了上產台的那一刻，無論是自然產或剖腹產，對妳來說，總是既緊張又期待。一旦聽到醫護人員宣佈寶寶出生，妳幾個月來的焦慮、不安、神經兮兮種種緊繃情緒終於鬆懈下來，身心都有如釋重負的感覺。

寶寶洪亮的哭聲，像是在向媽媽報平安，這對為人父母者來說，肯定是最開心的一刻；而那種歷經那麼多辛苦，終於順利生下孩子的過程，也常常讓媽媽在心裡吶喊：「我真的辦到了！」這是只有媽媽才能體會的驕傲與感動，所有的辛苦，都只為了這一刻。

站在醫生的角度，生產的感動，是一種非常非常單純的感動。每當備受期待的小生命誕生，新手媽媽將他抱在懷裡，新手

爸爸心疼地摸著新手媽媽的頭，或是忙著幫寶寶拍照、對寶寶講話……，我發現，你們三個人擁有一個很幸福的小宇宙，即使婦產科醫師還在縫傷口，或者護理人員仍在旁邊走來走去，也無法干擾你們的世界。

我也遇過很多媽媽，做了很多次試管才成功，剖腹時，爸爸必須在手術室外等待，他不知道太太現在狀況如何，也無法預料手術室門開的瞬間，傳來的會是好消息或壞消息。

每當醫護人員把寶寶抱出去給爸爸看時，那一瞬間的放心與感動，總是讓許多爸爸們痛哭流涕。因為，這是他們期待了好久好久的寶貝。

「你要乖乖長大，不要害怕哦，爸爸媽媽會保護你……」有好多好多爸媽會在那一刻這樣叮嚀寶寶（雖然這種溫柔大概 3 天後就忘記了，哈哈哈），幾乎所有人都是如此，想把最好的全給眼前這個小生命。（這種時候最適合拿保單給他們簽了，咦？）

有人問，每個月接生 100 多個小孩，難道對這種感動不會漸漸麻木嗎？

我的答案是，不會。

每個月接生 100 多個小孩，等於我每個月要接觸 100 多對生活背景、家庭文化不同的爸媽。這些爸媽各行各業都有，有高社經地位的菁英份子，當然也有些帶著江湖味的大哥；有名人，也有平凡上班族。但，面對孩子出生那一刻時，即使每個人的背景、身份、環境如此懸殊，每個人都充滿了喜悅與感動。甚至我也從

來沒有遇過任何一個母親，不敢抱剛出生滿身是血的寶寶，每個
媽媽都希望趕緊抱住這個期待已久的生命。

那份感動很真實，跟職業地位尊貴卑賤完全無關，單純是一
個「人」發自內心的感動。

真心覺得這是一份充滿幸福感的工作，而產房更是一個不斷
不斷上演著美好故事的地方。爸爸媽媽們，請記得這樣的感動，
畢竟在產後接下來可能會有點慘的日子中，這份美好將支持著你
們做為新手爸媽，在又哭又笑的生活中，學習生命的不完美，也
學習快樂。

產 台 對 話

林醫師:「來,媽媽,準備要再開始用力囉,再用力 3 次就會出來了喔!
　　　　加油加油!!」

已用到沒力婦:「那如果 3 次沒出來咧?」

林醫師:「那就用第 4 次力呀!!!」

已用到沒力婦:「……」

思宏的 OS:

阿不然咧。

PART 2

第 1-7 天

嗨！寶寶——
我是媽媽了！

戰鬥力
指數

和寶寶的第一次親密接觸

我常說,剛出生的寶寶對媽媽而言,就是個「最熟悉的陌生人」。

當他還在肚子裡時,大家都很期待他的出生,雖然超音波可以看見他的五官、手腳,但還是很難想像他真實的模樣。偏偏這樣一個妳連長相都搞不清楚的小傢伙,就住在妳的身體裡,吸取妳的養分,而他的一舉一動,也只有妳能感受到。

懷孕期間,妳可能會放些自己喜歡的音樂給寶寶聽,對他說話。妳一定也幻想過他的長相,眼睛會像妳還是像老公,想過要怎麼幫他裝扮。即使他還沒出生,但妳卻無時無刻與他互動,這是妳從未有過的生命經驗。

好不容易來到上產台那一刻,有些打無痛的媽媽們可能連陣痛的感覺都沒有,寶寶就很優雅地慢慢的滑出來;有些媽媽則是陣痛很久、用力很久,筋疲力竭才把寶寶生出來,身心極度疲累。不管在哪種狀況下,媽媽身體處於「被動」的狀況下接觸孩子,看到、聽到寶寶的聲音,都有種不真實的感覺。

我就在產房見過許多有趣的反應,有些人說:「蛤!啊這樣就生完了哦!」(不然你想像的是?),或者是孩子一生出來,

爸媽都愣住説：「怎麼長這樣？」（不然是要長怎樣？）、「怎麼跟想像中的不一樣？」（當然跟超音波的樣子不一樣啊！）、「怎麼全身都是血？」（剛生出來當然都是血啊！）……諸如此類有趣的反應，因為幾乎所有的新手爸媽，都不曾看過剛出生的寶寶模樣。

很多媽媽第一次見到寶寶時，腦袋一片空白，因為很難想像在肚子裡 30 餘週的生命，就這樣活生生來到眼前，心理上的反應還來不及跟上真實狀況的轉變。直到體力恢復到某種程度，可以「主動」跟新生兒互動，包括安撫、親吻、擁抱、説話或餵食，透過寶寶的體溫，才終於感受懷裡的孩子是一個全新的生命個體。原本妳只是某某人的太太，而現在妳已成為某某人的「媽媽」。

我建議最好「感受到」寶寶的方法，就是「親子第一次的接觸」，千萬不要輕易錯過這個令人動容的時刻。當妳敞開胸懷，扎扎實實的新生命躺在妳的胸膛、妳的懷裡，妳可以感受到他的溫度、他的心跳、他的呼吸、他的動作，他所有的一切真真切切地被妳擁在懷中。我接生過數千個寶寶，當我正在縫補會陰部的傷口，每一個新生命到來與新手爸媽一起構成的美好畫面，一幕幕都深深的烙印在我腦海中，此時此刻，無關乎貧富貴賤，無關乎周遭有沒有人打擾，那種最真誠最單純的美好，真的很令人滿足。

親愛的媽媽們，從和寶寶的第一次親密接觸開始後，寶寶正

式成為家庭的一份子，妳將慢慢習慣開始以他為重心，這個「最
熟悉的陌生人」將永遠有各種狀況讓妳崩潰又讓妳堅強，讓妳哭
又讓妳笑。隨著日復一日的餵奶、換尿布、洗澡，妳終於體認到
自己是個媽媽，而那股初見面時的不真實感，也將逐漸轉為對他
一生的牽掛。這，就是母親。

寶寶的第一個微笑

　　很多人說，女人是在知道自己懷孕、聽到寶寶心跳的那一刻起，就已經感覺到自己是個媽媽了。

　　因為寶寶在肚子裡漸漸長大，妳會擔心妳的飲食、睡眠、動作、情緒，一舉一動是不是有可能直接影響到寶寶；甚至妳會感受到吃了某樣食物之後，寶寶好像特別開心，在肚子裡動來動去，讓妳特別想一吃再吃，只為了再次感受，希望寶寶會喜歡。

　　每次產檢，妳會在門診等好久，等到真的聽到寶寶的心跳聲才放下心來，透過超音波看著寶寶的一舉一動，當媽媽的感受就越來越強烈。即使還沒有當面見到寶寶，也不知道他究竟長什麼模樣，但媽媽與孩子之間緊密的連結，總讓妳對寶寶有無限的期待與幻想。

　　相對的，爸爸就不一樣了。老婆懷孕期間，還是一樣每天上下班，可能會多撥一點時間陪著孕婦產檢或者一起去上雙親教室、採買寶寶的東西，但身為人父的感受相對媽媽總是低了一點。當孕婦身心理已經產生劇烈變化，老公卻還能維持一樣的生活形態。例如懷孕初期妳聞到食物香味就反胃，老公還是在旁邊狂吃鹹酥雞；20 幾週時，妳感覺到胎動，興奮地跟老公分享，但他怎麼摸

都摸不到；30 幾週肚子變得很大，壓得妳恥骨痛還長痔瘡，老公依舊一夜好眠睡得很香甜；冬夜睡覺時，妳熱到想打赤膊，老公卻棉被裹緊緊……。

有時候，懷孕這件事好像從頭到尾跟父親這個始作俑者沒太大關係，但這也不能怪他們，畢竟孩子不是在他們肚子裡成長，對於寶寶的連結度、感受度當然沒有那麼強。然而，兩人在孕期間的種種差別，都將在寶寶出生的那一剎那結束。

一旦寶寶出生，聽到哭聲以及看到他的第一個瞬間，爸爸跟媽媽之間的差異就變小了，因為斷臍之後，就得由兩個人一起照顧這個寶寶。

見到寶寶的第一瞬間，往往是最感動的時刻，也是爸爸終於體認到自己肩上責任的時刻。我看過很多爸爸會對老婆小孩說：「我一定會好好養你們一輩子的！」接下來，一起替寶寶把屎把尿、餵奶拍嗝，爸爸跟小孩之間有了更緊密地結合。

通常生產之後，我會建議大家替寶寶照三餐加下午茶、宵夜不停拍照，這是一件很奇妙的事，寶寶出生的前幾天，長相每個小時都在變化，每個小時長得都不一樣，剛生出來的模樣與 3 天後出院時，根本是完全不同的孩子。

不過現實的是，寶寶出生的感動、快樂、興奮，將在 3 天後消失殆盡。因為他會開始哭，開始表達自己的情緒。當寶寶在肚子裡時，妳跟他的互動，可能僅止於推推肚子；但寶寶出生後，他接收到的資訊是全方位的，當然也就開始了學習的旅程。

　　當他發現一哭就有人哄、立刻有奶喝，寶寶立刻就學會了，用「哭」來給大人下指導棋。到了 3、4 個月大時，他的眼神開始能聚焦，開始會看著妳笑，而且當他笑的時候，大家都會很高興，為他拍手、為他鼓掌。寶寶會知道這是妳給他的鼓勵，他就會反覆地用笑容來療癒妳，讓妳一秒融化，瞬間忘記他剛剛有多折磨人，忘記滿腔的疲憊。

　　「從哭，到笑」，這都是寶寶學習的重要過程。當妳很累很累的時候，他突然給妳一個微笑，其實不只妳在學著當媽媽，他也在學著怎麼當個小孩。

　　而我想說的是，妳會因為孩子的一個笑容，忘記方才的種種負面情緒；同樣的，當我們面對家人或是朋友的時候，是不是也可以用一個笑容，來化解所有的不愉快與不滿？不要在意那些不值得在意的事，好好把自己的時間、自己的好心情留給值得妳在乎的人吧！（我每天都是這樣催眠自己，哈！）

　　當婦產科醫師這麼久，我覺得自己從親子互動間學到很多事情。很多時候，如果我們用面對寶寶的溫暖與耐心，去面對其他人，也許人跟人之間的互動會快樂許多，也能減少很多不必要的中傷及誤會。

　　寶寶的微笑，對爸媽來說是最窩心可愛的表情，所以不要忘記，自己也要多保持微笑哦！

林醫師：「好，一切正常，太好囉！那就最後一次產檢了，下週就直接
　　　　剖腹囉～」

憂心婦：「怎麼辦，我覺得剖腹產好恐怖唭！想到就頭皮發麻！」

林醫師：「剖腹產一點都不恐怖啦！恐怖的是剖腹產後的產物！！」

憂心婦：「……」

思宏的 OS：

剖腹產的驚恐是一時，產物讓妳驚恐是一輩子呀。

陰道生產的產後照護與注意事項

很多人強調自然產的美好，但我必須摸著良心說，自然產後的復原，也是一段辛苦的過程，要不然，「產後」又怎麼被稱為「慘後」呢？

無論自然產或剖腹產，產後都會排惡露。所謂「惡露」指的是產後陰道所排出的分泌物，是一種混合了子宮出血、胎盤碎片、胎膜、蛻膜、子宮及子宮頸的分泌物。一開始的惡露成分多為血液，呈現類似月經的鮮紅色；約 2 週後顏色會開始變淡，轉為黃褐色或乳黃色；大約 4-6 週之後，惡露就會排乾淨。如果超過 4-6 週惡露仍持續排出，有可能是子宮收縮較差，或者有血塊、胎盤殘留等原因，最好要再回診檢查。

哺餵母乳、按摩子宮都有助於子宮收縮、排出惡露，不過，子宮收縮也可能引起產後宮縮痛，如果感覺到子宮收縮疼痛難忍，也有口服止痛藥、針劑可止痛。

產後陰道得不停排惡露已經很忙了，偏偏自然產受創最深的部位就是會陰部，所以更需要悉心照護。

剛自然產完的妳，會陰部的感覺會有點不一樣，好像停留在

寶寶頭輾過的瞬間,導致小便解不出來。建議生產後 4 小時內就要嘗試解小便,倘若解不出來,一定得向護理人員求助,千萬不要硬憋 10 多個小時,膀胱脹到 1000 多 c.c.,會很容易受傷。

由於自然產是不斷用力將寶寶擠出陰道的過程,因此會陰部往往在產後因長時間用力腫脹不堪,連坐都不安穩。此時產後第一天會陰部局部冰敷很重要,建議可用溢乳墊泡水冷凍,罩在會陰部冰敷,因為同時間妳也還在排惡露,所以建議冰敷過 1 次就應將溢乳墊丟棄。第二天之後我們建議改採溫水坐浴,加速血液循環達到會陰部消腫的目的,一般來說,會陰部的腫脹應該會在 3 至 5 天內完全恢復,而會陰部的傷口也會在 1 週內完全的癒合,所以看到產後腫脹疼痛不堪的傷口千萬不要崩潰痛哭,她會恢復的。

也因為會陰部有傷口,許多媽媽會害怕解便時一用力傷口又裂開,產後解便膽戰心驚,一點都不痛快,嚴重還可能造成便秘。其實,解便時的用力,完全不會影響到會陰部傷口,只要妳克服心理壓力,還是可以痛快解放。當然啦,也可以配合吃一些軟便藥,讓排便之路走得更順暢。

比較麻煩的是,有的媽媽生產時的用力,不但把孩子生出來,連痔瘡也擠出來了。偏偏痔瘡一探出頭來,就沒那麼容易縮回去,導致會陰部傷口不痛,反而是痔瘡痛得要命,人生就是有一好沒兩好。建議可以塗抹痔瘡藥膏或塞劑,記得在塗的時候要順便稍微把痔瘡推回肛門內,這個動作可能會讓妳痛到飆淚,但卻是快速恢復的最好方法(參考 P.158-160)。一般來說,生產之後腹壓

減少，加上產後的照護，無論是孕期或生產時出現的痔瘡，在產後 6 週內就會縮回到原本產前的狀況，但如果還是沒有改善或覺得視覺上很不美觀，我建議可以尋求直腸外科醫師的協助，千萬不要不敢講或是悶在心裡，現代醫學已經幾乎可以解決所有的疑難雜症，更何況是小小的痔瘡呢？

此外，自然產產後無論大小號，上完廁所最好都用溫水沖洗會陰部，因為產後會陰部有傷口，還正在排惡露，加上排泄物，直接用水沖比用衛生紙更不痛更乾淨衛生，可以帶走局部血塊或卡在傷口上的惡露。沖洗乾淨後用衛生紙或紙巾拍乾，再墊衛生棉即可，這時不建議用棉條喔。

關於自然產後的身體照護，不管是會陰部傷口腫脹或是痔瘡痛，這些痛苦都是暫時的，但是如果生產後有發燒症狀、惡露大量出血超過 1 個月以上或是會陰部腫脹疼痛不堪超過 1-2 週，甚至有流膿症狀，請儘速就醫。

經歷這麼長的孕期總算卸貨，生產的階段性任務完成後，可別太放鬆而忘了好好照顧自己。把握以上幾點自然產後照護原則，就算再慘，終究是會過去的！

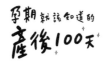

剖腹生產的產後照護與注意事項

　　很多人因為胎位不正、前置胎盤，或是因為吃全餐而改採剖腹產的方式把寶寶生出來，剖腹產的媽媽，相對來說，因為生產而產生會陰部「痛」的情況少了許多，但再怎麼說肚皮上還是挨了一刀，傷口當然會痛，也需要好好照護。

　　剖腹產的媽媽最重要是保持傷口乾燥清潔，原則上，產後 1-2 週肚皮的傷口會完全癒合，滿 2 週後就可以直接痛快的大水沖澡，但在這之前，只能先採用擦澡的方式。目前也有些針對剖腹產傷口的產品，例如水凝膠或防水貼布，可避免傷口碰到水，維持乾燥，讓剖腹產後的媽媽不需要用擦澡的方式可以直接淋浴洗澡，家人照顧起來也相對輕鬆。大家可以思考一下自己對不洗澡的忍受度，考量是否選擇適合自己的產品。

　　妳可能聽說過，剖腹產後需要等排氣才能吃東西。這是因為要觀察手術後腸子有沒有阻塞或沾粘，一旦排氣就表示腸道暢通，可以喝水、吃東西了。不過，現在剖腹產傷到腸子的機率很低，尤其腹膜外剖腹產甚至不會進入腹膜腔，當然更不需要擔心，基本上是不需要等排氣之後才能吃東西，但當然還是得視每位醫師的評估及建議而定。

　　另外，對剖腹產媽媽來說，如何防止疤痕產生，也是很重要的一件事。請記得：剖腹手術結束的那一刻，就是預防疤痕生成的開始。妳可以選擇美容貼片、除疤貼片或除疤凝膠，勤於按摩傷口更有助於傷口癒合及減少疤痕產生的可能性。有些人在傷口癒合後，發現疤痕呈現凸起來的狀態，認為自己是蟹足腫體質，事實上並不盡然，多數的狀況只是肥厚性疤痕。

　　至於有些人會問到，為什麼一樣開在同一個肚皮上，割盲腸的傷口不會那麼凸，剖腹產的傷口就凸很多？造成這樣的結果有兩個最主要的原因，第一，傷口的位置不同，剖腹產傷口位於肌肉張力很強的正中下腹部，舉凡走路、左右轉、起身等等許多日常動作，都會用到腹部肌肉的力量，相較於割盲腸的傷口是在右側腹部，受力程度就小很多。第二，剖腹產的傷口是在懷孕的狀況下造成的，懷孕時身體會產生很多生長因子，也因此懷孕時造成的傷口本來就很容易受到生長因子的刺激產生結締組織，也就是肥厚性疤痕，就跟有些媽媽常常在懷第二胎的過程中，第一胎剖腹產產生的疤痕會隨著孕期變腫、變凸、甚至會有腫痛的情形一樣。所以啦，如果妳在剖腹產後 3 年內就懷上第二、第三胎，有很高的機率，妳原本的傷口（不一定是剖腹產的傷口，有可能是在剖腹產之後身體任何一處的新傷口）會隨著孕期慢慢長大。

　　當然啦，可別一昧顧著肚子上的傷口，剖腹產也是會排惡露的，顏色變化的時間及過程與自然產差不多，同樣會在 4-6 週內排乾淨。也再度提醒大家，如果產後有發燒症狀、惡露大量排出超過 1 個月、傷口有化膿現象，都務必儘快就醫喔！

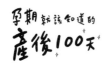

\ Q & A /

關於剖腹產的 5 個常見問題

Q：剖腹完後多久可以下床？

A：當天麻醉退即可，最遲隔天，只是有時會有點軟腳，即使不痛也要找人扶一下感覺比較柔弱，最好還要唉唷一聲比較像剛手術完的產婦。

Q：剖腹完後傷口多久可以碰水？

A：傷口癒合後即可，一般是 1 到 2 週就可以不貼任何敷料直接沖水淋浴，如果要泡湯還是要等惡露排乾淨。

Q：剖腹產後多久可以運動？

A：2 週即可，包括仰臥起坐、核心肌群都行，不過通常會問這個問題的只是想找個藉口不運動，沒想到被打臉。

Q：剖腹產後多久可以懷孕？

A：3 個月，很多人聽到答案都大吃一驚，怎麼可能？答案是肯定的，3 個月如果立刻懷孕只能說您真行，不過要生也是 3 ＋ 9 個月後，也就是 1 年後的事，絕對沒問題的。

Q：剖腹產可以生幾胎？

A：生到妳養不起都可以，子宮是人體最神奇的器官，有很強修復能力，絕對禁得起妳一生再生。

慘後婦：「林醫師，為何生完有一種淡淡的哀傷？」

林醫師：「因為，孕婦捧上天，產後落入凡間！！」

關於新生兒篩檢

　　不只孕期媽媽需要接受各種產檢，寶寶出生後也必須進行新生兒篩檢。新生兒篩檢的檢查項目可分為兩大類，一類是國民健康署指定的 11 種項目，由政府提供部分補助；另一類則是選擇性自費項目。

　　那麼，為什麼需要進行篩檢呢？

　　新生兒篩檢全名為「新生兒先天性代謝異常疾病篩檢」，顧名思義就是為了檢查新生兒有沒有新陳代謝異常的問題。檢查項目中包括常見疾病及罕見疾病，這些疾病，有些可以儘早進行藥物治療，有些則必須避免寶寶接觸某些物質。

　　例如其中一項檢查項目是「葡萄糖 -6- 磷酸鹽去氫酶缺乏症」，也就是俗稱的「蠶豆症」。蠶豆症是一種先天遺傳的代謝異常疾病，寶寶紅血球的葡萄糖代謝發生問題，一旦接觸到蠶豆、樟腦丸等特定物質，很可能引起紅血球破裂的溶血反應。有一些家庭習慣用樟腦丸，但若不知道寶寶有蠶豆症，就很可能讓寶寶接觸到危險的物質。

　　簡單來說，新生兒篩檢的目的就是及早確診、及早治療，在症狀尚未出現時就發現異常，立刻進行後續的治療計畫，例如更密集的回診或用藥，才能避免症狀惡化。畢竟，有些代謝異常的

疾病，會在出生後幾個月才發病，但若等到那時候才確診，可能會耽誤到治療的黃金時機。

　　通常新生兒出生若有穩定進食，48 小時後就可扎足跟血或抽血進行篩檢。一般來說，篩檢報告會在 14 天後發出，但若檢查有異常，1 週內便會通知出生院所，提早讓寶寶回診做第二次採血篩檢。若確定真有異常，再轉介到特定醫院進行進一步檢查與治療。

　　有些媽媽會問，除了政府補助的篩檢項目之外，是否有需要選擇自費項目呢？自費項目大多是一些更罕見的疾病，都是由遺傳科學專家致力推行的檢查項目，這些疾病雖然罕見，但不代表不重要，只是不在政府補助的範圍內。我的建議是，能夠提早檢查就提早做吧！不管是早產兒或足月寶寶都應該接受檢查，而且，即使爸爸媽媽身體健康正常，仍有基因突變的機率，所以良心建議每個寶寶都要做篩檢。現代醫學相當進步，有許多疾病是可以被治療的，但前提是，必須儘早確診，才能提高治療的效率。況且，自費項目都可以跟著政府補助項目一起做，也就是說，寶寶只要扎一次血，就可以一起做篩檢。

　　奠基於台灣長久以來的科學研究，有一些以台灣人基因資料庫為主體所發展出來新的新生兒基因篩檢的項目，例如呼吸中止症候群基因檢測（PHOX2B）、聽力損傷基因、異位性皮膚炎（AD gene）、巨細胞病毒（CMV PCR）篩檢等等，同樣可以在新生兒篩檢時的那次抽血一起進行。例如，聽力損傷基因篩檢就非常值得做。新生兒約 500 分之 1 有雙側感音神經型聽損，約 1000

分之1有單側聽損，隨著年紀增加，學齡的兒童甚至高達 5% 有單側聽損。感音型聽損一半與基因有關，因為大多是隱性遺傳，家族史不明顯，如果爸媽都帶因，雖然沒有症狀，但寶寶也可能有4 分之1的機會發生聽損。這樣的寶寶可能剛出生聽力篩檢正常，到了青春期才越來越聽不見，因此需要長期追蹤聽力。

另外，感音型聽損有1成和病毒感染相關，最常見的就是巨細胞病毒感染。如果媽媽懷孕時感染巨細胞病毒，寶寶有1成的機會出現皮膚紅疹、肝脾腫大或成長遲滯，有症狀的寶寶有一半會合併聽力損傷。因此，出生後也需要詳細評估聽力，如果有問題，在 6 個月之前治療，才不會影響寶寶的語言發展。

這些基因問題，有些會隨著年紀增長、周遭環境改變而急速惡化，篩檢的目的，是不希望等到寶寶健康出問題之後再深入檢查，而能在症狀尚未出現之前先行檢驗、及早確診，才能進行更完善的治療計畫。

當然，除了政府補助項目之外，其他的篩檢都可由爸媽們自行選擇要不要做。但站在醫生的立場，會希望有能力的話都進行選擇性自費項目篩檢，為了寶寶的健康，其實這些費用一點都不貴。因為比起花大錢購買寶寶的玩具跟新衣，這也許才是更實用也更永久的禮物。

＼ 爸媽看過來 ／

新生兒篩檢有哪些？

新生兒篩檢國民健康署指定 11 種項目：
1. 先天性甲狀腺低能症（CHT）
2. 半乳糖血症（GAL）
3. 葡萄糖 6 磷酸鹽去氫酶缺乏症（G6PD）
4. 先天性腎上腺增生症（CAH）
5. 苯酮尿症（PKU）
6. 高胱胺酸尿症（HCU）
7. 楓糖尿症（MSUD）
8. 中鏈醯輔酶 A 去氫酶缺乏症（MCAD）
9. 戊二酸血症第一型（GA-1）
10. 異戊酸血症（IVA）
11. 甲基丙二酸血症（MMA）

自選項目：
1. 嚴重複合型免疫缺乏症（SCID）
2. 溶小體儲積症（LSD）包含龐貝氏症（Pompe's disease）
　＋法布瑞氏症（Fabry's disease）＋高雪氏症（ABG）＋
　黏多醣症第一型（MPS-I）
3. 串聯質譜儀篩檢之胺基酸類項目＋有機酸類項目＋脂肪酸
　類項目
4. 呼吸中止症候群基因檢測（PHOX2B）
5. 聽損基因
6. 異位性皮膚炎（AD gene）
7. 先天性感染——巨細胞病毒篩檢（CMV PCR）

新生兒超音波檢查

　　過去的一般健保制度中，往往是發現寶寶有異常，才會用超音波進一步檢查，但近幾年開始出現自費的新生兒超音波檢查，我十分建議寶寶出生後，能在出院前完成一次超音波檢查，好處是，可以在症狀出現之前，提早發現本來沒發現的結構異常，達到及早治療的目的。

　　不過，孕期都有做產檢了，有必要再做新生兒超音波嗎？許多新手父母都有這樣的疑問。

　　一般來說，孕期間的例行性的產檢，由於隔著孕婦的肚皮，再加上胎兒的姿勢可能無法配合、孕婦的脂肪阻擋，很難檢查得如此精密，雖然已經做了高層次超音波，但在高層次超音波檢查後到生產的期間，寶寶的發育也可能會出現一些變化，很難藉由例行產檢完全檢查出來。

　　所以說，新生兒超音波檢查，可視為寶寶的第一次健康檢查，但要注意的是，並非所有醫療院所都有提供此服務項目，爸媽得先打聽清楚生產的院所是否有提供此項服務。舉禾馨醫療提供的新生兒超音波檢查為例，就包含以下幾項：

新生兒腦部超音波

可檢查有無腦內或腦實質出血、水腦、腦內鈣化點及小囊腫，由於超音波檢查較為精細，多少會看到一些小狀況，比如室管膜下有小水泡，這個只要先由醫師評估大小、陸續追蹤幾次，如果體積很小且逐漸消失的話，就不用太擔心。

新生兒心臟超音波

這是診斷嬰幼兒是否罹患危急性先天性心臟病的有力武器。有些先天性心臟病會有心雜音、呼吸急促或血氧不穩定等症狀，有些新生兒在出生時，則沒有明顯上述症狀，透過心臟超音波檢查才能確診。

新生兒腹部及腎臟超音波

主要檢查有無腹部腫塊及泌尿道畸形，先天性泌尿道畸形的比率為 1000 分之 3，台灣發生泌尿道感染的寶寶，有一半合併先天性泌尿道畸形，所以早期診斷預防泌尿道併發症就顯得相當重要。

新生兒髖關節超音波

發展性髖關節發育不良相當常見，發生率約 1000 分之 1，而髖關節不穩定的新生兒約有百分之一。嚴重的寶寶在出生時透過身體理學檢查便可發現異常，但有些寶寶則是理學檢查無異常，後來才逐漸出現症狀。以前僅仰賴徒手檢查方式，很難及早確診，但透過超音波可檢查股骨頭覆蓋率、及 alpha 與 beta 角度來評估

髖臼骨頂與軟骨頂的發育，診斷更為精確，診斷率明顯上升許多，一旦發現狀況便可密集追蹤，若未改善請儘早轉介小兒骨科專科進行治療。出生後 3 個月內確診，使用吊帶治療效果很好。尤其寶寶的骨頭在滿 3 個月後會越來越硬，鈣化越完全便越難由超音波確診，需要照 X 光，越晚發現問題，矯正所耗費的心力就更多，若 6 個月以上確診，需要徒手復位後再打石膏固定 3 個月，若效果不好，甚至需要開刀治療。如果可以儘早確診治療，寶寶也能以較為輕鬆的方式進行矯正。

　　基本上，若出生時做了新生兒超音波檢查，確認無異常後，除非在後來回院打預防針時發現有其他狀況，不然便不需要特別再進行下一次超音波檢查了喔。

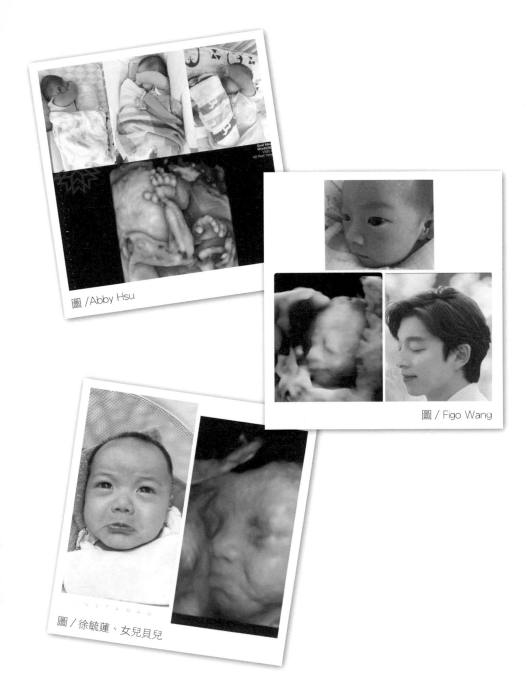

圖 /Abby Hsu

圖 / Figo Wang

圖 / 徐毓蓮、女兒貝兒

不管在肚子裡和肚子外，你其實都一樣呀！

母嬰同室？我只想好好睡一覺

　　母嬰同室，應該是許多媽媽產後遇上的第一個噩夢（好啦，我相信也有些媽媽甘之如飴）。由於國健署從 2001 年開始推動「24 小時母嬰同室」，並將這個項目列為母嬰親善醫院的必要條件之一，讓許多媽媽產後 3、5 天內，幾乎是在被醫院半強迫的方式之下，與寶寶共處 24 小時。

　　妳可以想像那有多累嗎？剛生完傷口痛、痔瘡痛，擠了半天只有幾滴奶，寶寶在一旁哇哇大哭，好不容易餵奶完畢，卻不曉得怎麼幫他拍嗝，整個人身心俱疲……天啊，壓力之大，根本就像被丟進侏羅紀公園。

　　也許是推動母嬰同室的 10 多年來，有太多媽媽抗議，國健署終於在 2018 年修改政策，將「24 小時母嬰同室」改為母嬰親善醫院認證的加分項目，而非必要條件，不再要求媽媽一定要母嬰同室，由媽媽自主意願決定。

　　雖然我認為母嬰親善評鑑的評比項目，應該把「母嬰同室率」完全排除，但我不否認，母嬰同室政策的本意是好的。

　　母嬰同室的立意在於，讓媽媽更快認識寶寶這個「最熟悉的陌生人」，但是推動政策的同時卻沒有考量到現實層面。首先是

剛生產完的媽媽，絕對是新手中的新手，本身就還沒具備那麼多照顧寶寶的技巧，偏要她跟寶寶同室 24 小時，究竟整到誰？其次是，現實條件中的醫護比例根本無法支持 24 小時母嬰同室的概念，導致常常叫天天不應，叫人人又不回的窘境。

我們試想一個狀況，醫療院所為了符合政策而裁撤嬰兒室，半強迫地執行母嬰同室。在醫療人員不足的狀況下，一個護理人員可能要照顧 7、8 個媽媽，但是新手媽媽即使做了很多功課，剛開始照顧寶寶仍有許多不確定，一舉一動可能都還需要護理人員另外教導、協助。可是，這個媽媽尋求護理人員協助，但前面可能還有 5、6 個媽媽等著要幫忙，等到護理人員來了的時候，寶寶早就哭累，而媽媽也跟著崩潰大哭。如果不強迫母嬰同室，嬰兒集中管理，醫護人力負擔便沒那麼大，一位護理人員可以安撫 5、6 個寶寶，或是把餵奶時間排序錯開，讓人力調配更有彈性。

簡單來說，在沒有配套措施的狀況下實行母嬰同室，根本就是把媽媽丟在一個無助的環境之下手足無措，媽媽連基本的充足休息都沒有，又慌亂得不知如何是好，母嬰同室已完全變成她們巨大的壓力來源，根本不可能感受到其善意與好處。所以，母嬰同室固然有其益處，但重點是應該要有配套措施，有足夠的護理人力及醫療成本，加上媽媽本身有意願，才有辦法成功。

不過，幸好現在已經可以由媽媽自己決定要不要母嬰同室，我相信有些人母愛大爆發，會很希望在產後幾天內好好享受為人母的感覺。但也提醒，產後最重要的是充分休息，我看過一些逞

強的媽媽，累到病倒了，更得不償失。

坦白說，母嬰終究會同室，不必急於一時。所以我建議，當然可以選擇母嬰同室，但是不一定要 24 小時，且至少要讓媽媽睡飽，才能在體力允許的狀況下學習照顧寶寶。

另外，對於剛生產完的媽媽來說，是否接待訪客也是一個令人左右為難的決定，雖說產婦有篩選訪客的權利，但很多時候我能理解不是妳本人說了就算，總有那種不想見卻又不得不見的訪客，而且如果一票親戚已經殺到醫院門口，能說不嗎？所以，醫療院所本身的訪客規定很重要，不但可以避免產婦不想見的人不請自來，也是明文宣示「產婦需要休息」。

在這裡也想提醒一下產婦周遭親友，對產婦來說，她需要的是休息，而不是驚喜。如果你們想去探望，請務必先瞭解產婦的生活習慣和意願，不要連聲招呼都不打就直接衝去。畢竟剛生完，大家都一臉疲憊，我相信沒人願意在毫無防備的狀況下，被別人看見自己憔悴的模樣。而且我們身在這個時代，想探望對方，有時未必需要親臨現場，視訊、facetime 這麼方便，不會因為隔著螢幕而讓心意打折，相反地，產婦還會感激你們的體貼喔！

出院，然後呢？
出生 1-7 天的新生兒發展觀察與照護重點

　　寶寶終於平安誕生，喜悅之後接踵而至的就是一連串關於新生兒的照護問題。目前大多數的產婦與寶寶，都是從婦產科醫院診所出院，搭上車直接住進月子中心，由專業的醫護人員照顧，讓產婦有更多的時間學習及休息。不過，如果妳不打算進月子中心，直接將寶寶接回家，只要注意以下幾個重點，其實也不用太過擔心焦慮。

睡眠及飲食

　　出生 1 週內的寶寶幾乎都在睡覺，睡眠時間可達 16-18 小時，要喝奶時才會醒來，而且常常喝著喝著又睡著了，或者吃飽立刻又睡著。

　　如果妳選擇全親餵，最好 2-3 小時餵一次奶，一天至少要餵8-12 次；至於配方奶，由於是固定的量，可以 4 個小時餵一次就好。不過，新生兒可沒有自備鬧鐘，不一定會在該喝奶的時候醒來，假如他超過喝奶時間還是一直睡，建議還是要把寶寶叫醒餵奶。尤其是全親餵的寶寶，因為比較難確定每次喝的奶量，盡量不要讓寶寶間隔太久才喝奶。

　　有些寶寶對於光線或聲音比較敏感，建議讓他處於燈光柔和及安靜的環境，或者用紗布巾包住寶寶（包住不是蓋住喔！），也能讓他睡得更安穩，尤其出生1個月內的寶寶特別需要這種被包覆的安全感。

體溫

　　新生兒的體溫較容易隨外在環境起伏，所以盡量避免讓寶寶出入溫差太大的環境，也會讓他感覺比較舒服。基本上36.5~37.5度都算正常，有的媽媽會緊張到每天替小孩量體溫，其實大可不用那麼緊張，假如妳今天抱寶寶，覺得特別涼或特別熱再量體溫即可。

　　如果寶寶體溫比較低，原因之一可能因為是氣溫太冷，這時請注意保暖；第二個可能則是有感染的問題，導致體溫比較不穩定。而如果寶寶體溫太高，其實並不一定就是生病發燒，最常見的狀況是因為「有一種冷叫阿嬤覺得你冷」，也就是穿太多導致，在溫暖的環境還給怕熱的新生兒穿兩件衣服、蓋毛毯，當然會出現好像發燒的體溫升高現象。通常居家室溫25-26℃，寶寶穿一件衣服剛好，最多包一件薄的紗布巾。寶寶手腳較涼是正常的，可穿戴手套或襪子，局部保暖即可。

體重

　　發現新生兒出生後體重往下掉，先別太緊張，以為寶寶吃不飽營養不良，其實是因為寶寶在媽媽肚裡是泡在羊水中，出生後要開始適應環境，喝的奶量也還沒那麼多，身體會稍微脫水，導

致體重下降，這是非常正常的現象。

　　一般而言，新生兒的體重下降 7%-10% 之內都屬於正常範圍，但是如果體重下降大於 10% 就要多加注意囉。主要是有的媽媽習慣等寶寶哭了才餵，可能會導致寶寶奶喝太少因而體重下降較多，建議透過醫師評估後，視狀況調整餵食方式，甚至增加一點配方奶補足熱量。

　　再者，寶寶黃疸於出生後 3 到 7 天是最高峰的時期，如果體重下降大於 10%，黃疸會明顯爬升（參考 P.82）。假如媽媽發現寶寶身體有點脫水、膚色明顯變黃，以及吃奶量明顯變少等狀況，就要儘速就醫讓醫師評估狀況。

視力與聽力

　　「寶寶幾乎都閉著眼睛，視力是不是有問題？」很多媽媽會擔心新生兒的視力狀況，但就像前面說的，出生 1 週內的寶寶大部分時間都在睡，加上這時他們看到的世界是一片模糊，頂多對於光線與黑暗能感受一點區別，所以這時候寶寶老是閉著眼睛很正常。妳可以放一些顏色明顯對比、形狀簡單的黑白圖卡在嬰兒床旁邊，給他們一些刺激。

　　真的只有少數寶寶一出生就常常睜大眼睛，或者通常只睜開一隻眼睛。基本上，只要妳曾經看過寶寶張開雙眼，就不需要太擔心，假如過了 1、2 週，寶寶依舊只睜開一隻眼睛，此時才會建議就醫檢查，很可能是提瞼肌較弱所造成。

　　另外，國建署在每個寶寶出生時都會補助進行聽力篩檢，會在新生兒耳邊放 35 分貝聲音，藉由導極貼片偵測大腦對聲音刺

激的腦波反應，以確認寶寶是否真的能聽到聲音，所以如果有通過，基本上不需要特別擔心寶寶的聽力喔，如果沒有通過，也不需要太擔心，大部分都是因為寶寶耳道還積有羊水或胎脂未排出，會在指定的時間再回診複檢一次，如果再次篩檢還是沒通過，才需要進行進一步的轉診檢查。

呼吸

有時候新生兒喝奶或睡覺時，會出現感覺像是呼吸不順的較大呼吸聲。遇到這個情況，妳可以先檢查一下寶寶的鼻孔，如果沒有明顯分泌物或阻塞，就不需要太擔心。因為新生兒一開始身體組織比較軟，深呼吸時呼吸道比較容易塌陷，空氣經過時會出現聲音，通常 4、5 個月之後，呼吸道逐漸成熟，不容易塌陷，也就不會有那麼明顯的聲音了。假如，那突如其來的呼吸聲讓妳焦慮緊張心慌，可以嘗試用吸球替寶寶吸一下鼻孔，通常都是因為哭而產生的鼻涕造成，吸出來就會好多了。

便便

首先，新生兒出生 24 小時內必須解出黑黑黏黏的胎便，如果 24 小時後還沒解胎便，很可能是因為腸胃道有問題導致無法正常排便，建議直接就醫檢查。

而寶寶出生 1 週內，大便次數會很頻繁，尤其是喝母奶，一天排便 8-10 次都屬正常現象，更別説是邊喝奶邊排泄，根本家常便飯。喝配方奶的寶寶，排便次數就少多了，1 天 3 次或 2、3 天 1 次都在正常範圍。

　　大便的狀態與身體健康息息相關，寶寶也不例外，這可能是妳人生中第一次要這麼認真的觀察另一個人的排泄物，但絕對有助於妳了解寶寶的狀況。當胎便解完，就會開始解出黃黃綠綠的轉型便，這時可以開始參照《兒童健康手冊》裡的「大便卡」（參考 P.76-77），觀察寶寶的排泄物。

　　一般來說，喝母乳的寶寶會解出金黃色、土色的大便；喝配方奶則會解出綠色大便。假如出現血絲便，很可能是寶寶對於乳蛋白過敏，此時只要調整配方奶的成分，例如換成水解蛋白配方的奶粉即可，如果是喝全母奶的寶寶，媽媽的乳製品攝取可以稍微減量。

　　特別需要注意的是，寶寶如果解出灰白色的大便，很可能是膽汁出不來，也就是膽道閉鎖或其他腸胃問題，應儘早治療（參考 P.76-77）。所以，即使洗屁屁洗得心很累，也請各位爸爸媽媽要注意寶寶的解便狀況，回診時才能如實跟醫師回報。

皮膚

　　新生兒皮膚常常會出現一些疹子，通常都不需要太擔心，最常見的是毒性紅斑。毒性紅斑聽起來很可怕，其實是非常常見的免疫反應，高達 70％寶寶會出現，研究指出紅疹處皮膚的嗜酸性球（eosinophil）會大量聚集，雖然成因不明，但是是良性的正常反應，請各位爸爸媽媽不要急著幫寶寶退胎毒，只要滿月之後情況就會好轉，疹子會慢慢退掉。洗澡時避免清潔品，可減少過度刺激。

　　由於寶寶比較怕熱，所以常常在洗完澡，或是親餵時靠著媽

媽，體溫變高而出現疹子。建議寶寶洗澡時可以用稍微涼一點的水約 37℃，同時不要過度使用清潔用品。一般來說，假如寶寶沒有出門玩或者流太多汗，只要用清水洗即可，至於屁屁可以酌量用一點清潔品，只要寶寶洗完沒有出現皮膚乾乾的狀況就沒問題。

通常寶寶出生後 7 天會需要回診，主要評估黃疸、體重以及餵奶量，再下一次的回診往往要等到滿月。新手爸媽面對軟軟的小孩，難免會緊張，也照顧得戰戰兢兢。其實，小孩真的沒那麼脆弱，妳可以小心，但不要太焦慮。

最重要的是，當寶寶出現一些妳不懂的狀況時，請壓抑一下立刻上網查的心情，因為一堆資訊只會讓妳越看越焦慮，直接帶到門診讓專業醫師判斷，省得被農場文章恐嚇到睡不著，還對寶寶毫無益處喔。

兒童健康手冊怎麼用？

　　每個寶寶出生後，國民健康署會發放一本「兒童健康手冊」，可別因為是免費的就小看它。這本手冊集結了許多兒科醫師及專家的意見編輯而成，如果妳正煩惱不知道該買哪些育兒書，那麼兒童健康手冊一定是盞光明燈！免費、專業，而且羅列在上面的，絕對都是重要知識，同時，它也是記錄寶寶成長的好夥伴。

　　從目錄來看，兒童健康手冊可分為 5 個部分：

　　1.　**迎接新生兒**：包括給爸爸媽媽的說明、新生兒預防保健項目說明、嬰兒大便卡如何判讀、聽力篩檢的重要性、髖關節檢查等等。

　　2.　**寶寶健康記事**：兒童生長曲線、乳牙記錄、7 次預防保健檢查記錄。

　　3.　**衛教指導重點**：包括一些育兒知識、疾病說明等等。

　　4.　**預防接種**：預防針的反應及處理方式說明、自費疫苗說明、B 型肝炎檢查記錄表。

　　5.　**資源百寶箱**：育兒相關單位的電話及聯絡方式。

　　除此之外，附錄還包括了疫苗注射時程及記錄的黃卡、兒童

發展連續圖，還有寶寶失去意識及誤食毒物時的處理等相關知識。以下也大致提出一些特別重要的部分，讓新手爸媽更瞭解如何使用。

其中「迎接新生兒」的兩大重點就是「嬰兒大便卡」和「髖關節檢查」。

特別提到髖關節篩檢的部分是因為，髖關節發育不良早期沒有症狀，也不會疼痛，所以時常被忽略。這是一個越早發現，越容易治療的疾病。所以如果能跟著手冊中檢查的圖示說明，在家換尿布時便能判斷寶寶有沒有髖關節發育不良的狀況，若發現寶寶可能有異常，才能及時在回診時請醫師仔細評估，避免錯過治療黃金期。但我必須說實話，這真的太難了，建議還是自費進行髖關節超音波檢查最準確，以免錯失治療良機（參考 P.63-64）。

而妳一定聽過，很多爸媽會擔心新生兒的黃疸問題，其實是因為黃疸持續不退的寶寶，有可能是因為「膽道閉鎖」引起。但膽道閉鎖並不是一出生便能診斷出來的疾病，往往漸進式的出現症狀，所以寶寶出生後 2 個月內，會特別需要爸媽注意他們的大便顏色，膽汁若能順利排出，便會與大便混合產生出黃色或綠色的大便（右頁圖編號 7 ～ 9）；若膽汁滯留，沒有混到膽汁的糞便就會呈現灰白色，必須儘速就醫（右頁圖編號 1 ～ 6）。

嬰兒大便卡中列出的 9 種不同顏色糞便照片，就是提供新手爸媽對照觀察寶寶的大便狀況的指標，避免延誤膽道閉鎖的治療時間。尤其比起西方人，東方人更容易有膽道閉鎖的問題，若能在出生後 45 天內確診、儘早治療，就能夠得到更好的療效。

嬰兒大便辨識

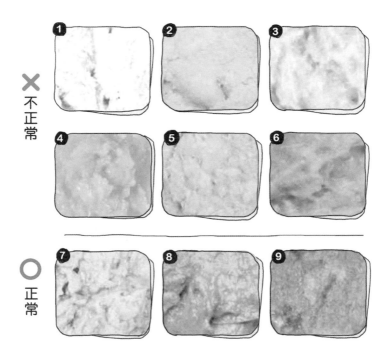

不正常 ✗

正常 ○

　　我也想提醒新手爸媽多注意手冊中「寶寶健康記事」裡的「生長曲線百分位圖」及「7 次預防保健檢查記錄」。

　　如果妳會擔心寶寶是不是太瘦小、長不大，這時候生長曲線百分位圖就可以幫助判斷寶寶的生長狀況。生長曲線百分位圖包含身長／身高、體重、頭圍 3 種生長指標，基本上，寶寶的生長曲線只要落在 3%-97% 百分位之間都屬正常範圍。

　　寶寶的生長百分位如果低於 3% 或高於 97% 就要特別注意，

但有一些狀況例外。例如有些寶寶出生體型就特別小，可能百分位是 1%，幾個月後仍然是在 1%，但他的生長曲線是平緩順著趨勢生長，那就不需要太擔心。除非寶寶的生長曲線有突然暴衝或往下掉的狀況，才需要特別注意。

至於 7 次預防保健檢查，是由政府補助，包含各種身體檢查及發展狀況。我建議在每次檢查之前，爸媽先在家填寫「家長記錄事項」，讓醫師可以更快速掌握寶寶的狀況。而且，填寫這份記錄有助於帶小孩忙得昏天暗地的爸媽們記憶，看診時可以把想問的問清楚，免得走出診間才想起。

檢查之後，醫師也需要填寫一份記錄，包括生長評估、身體檢查和發展部分是否正常等等。如果妳想幫寶寶投保，醫師的評估紀錄及簽名就很重要，因為很多時候保險公司會要求這份資料作為核保的依據。

此外，有些爸媽對於孩子不符合「七坐、八爬、一歲站」的順口溜發展感到憂心，也遇過一些媽媽會詢問：隔壁同齡小孩 3、4 個月就會翻身，我的寶寶還不會，是不是發展得比較慢？我說呀，5 個月才學會翻身也很正常，鄰居孩子趕進度，不代表妳的寶寶發展慢。與其跟別人比得緊張兮兮，不如好好參照兒童健康手冊裡的「兒童發展連續圖」。

圖中會列出寶寶從出生到 5 歲各時程應該發展的狀況，讓爸媽可以對照觀察小孩的行為發展。寶寶的發展，快，沒關係；慢，要多注意。而這份圖表的重要性就在於可以幫助爸媽掌握寶寶某

部分的發展是否較慢？不過，爸媽也不要太焦慮，慢個 2、3 天很正常，假如慢了 1 個月，再請醫師評估接下來的療育方式。

　　最後，我要提醒各位爸媽的是，使用兒童健康手冊一點都不難，難的是至少要保管到小孩 5 至 7 歲，每次回診、打預防針都要帶。因為大大小小的紀錄都在手冊裡，手冊中也附有疫苗注射記錄及時程，尤其有些爸媽不一定在同個院所打針，有這本手冊記錄，才知道寶寶打過哪些針。通常，寶寶 2 歲前需要打疫苗的次數較密集，但 2 歲後的下一次施打，就直接會跳到 5 歲時了，入小學之前也必須確認預防針是否都已打完。如果你們是計劃未來送小孩出國留學的爸媽，例如美國，也會需要這樣的疫苗記錄，就算沒有這樣的規劃，也請各位爸媽要好好收著這份手冊，就當作是寶寶珍貴的生長記錄吧！

新生兒疫苗打不打？

究竟該不該讓寶寶打疫苗，是部分家長很糾結的問題，在解答之前，我想先說一個故事。

2018 年初日本沖繩爆發麻疹疫情，根據報導指出，造成這次風波的源頭是一名男子疑似到泰國旅遊時感染麻疹，出現發燒、咳嗽等症狀，雖有前往醫院就醫，但僅認為是一般感冒而沒有多加注意。同月內，該男子又前往沖繩旅遊，因肢體出疹在日本當地就醫，診斷感染麻疹。緊接著，沖繩的麻疹感染情況，以該男子去過的地方為中心逐漸擴大。

這次麻疹感染擴散情況如此嚴重，其中一部分原因就是，日本的疫苗接種率並不高，許多人並沒有抗體。

回到該不該打疫苗這個議題，雖然疾病管制署大力呼籲民眾接種疫苗的重要性，但有些家長比較崇尚自然，認為預防針是外來的病毒及載體的複合物；加上曾有一些施打疫苗後產生副作用的案例，即使機率極低，但經由新聞媒體報導後，造成爸媽們的恐慌，深怕萬一寶寶打了預防針，卻產生副作用，因此對於寶寶接種疫苗有恐懼感。

　　有些人甚至認為，反正別人家孩子都打過疫苗，不會生病，當然就不會傳染給自己孩子。但是，讓我們再回過頭來看沖繩痲疹疫情的起源病毒，不就是自境外移入嗎？在無法百分之百確認環境沒有病毒的狀況下，施打疫苗其實是保護寶寶最有效、最經濟實惠的一種方式。

　　而且，其實疫苗的用意在於預防疾病，造成副作用的機率很低，最常見的副作用是發燒，如果是流感疫苗可能還會引起肌肉痠痛。跟真正感染疾病的痛苦比起來，輕微發燒或肌肉痠痛根本是小巫見大巫，為了寶寶的健康與安全，建議還是按照時程接種疫苗。

　　雖然「兒童健康手冊」附有預防接種記錄的「黃卡」，但台灣並無強制一定要打疫苗，只是每當孩子到醫療院所打預防針，院方就會上傳資料給該區健康衛生中心，如果有寶寶遲遲沒打預防針，相關機構便會定期打電話提醒施打疫苗，但選擇權仍在家長手上。

　　站在醫師的立場，我當然強烈建議要讓寶寶接種疫苗，至於若你們是選擇不打的父母，我也給予尊重。但最重要的是，就算你們不贊成打疫苗，也不要公開在網路或社群軟體上鼓吹不要讓寶寶打疫苗，甚至舉出各種副作用來恐嚇其他父母，將疫苗妖魔化。而還在猶豫該不該讓寶寶打疫苗的爸媽們，我也建議不要只看網路上的片面之詞，或者來歷不明的口耳相傳，倘若對於接種預防針真的有疑慮，不妨請教專業醫生，才能做出對寶寶最好的選擇。

新生兒特殊狀況照護與處理

　　在不同時期，寶寶都會有一些特殊狀況需要特別注意，以下是幾項出生 10 天內新生兒常見的特殊狀況，通常都不會太嚴重，只要新手爸媽多觀察、了解照護方式，每個寶寶都能頭好壯壯。

黃疸

　　新生兒出生 3 到 7 天內，是黃疸的高峰期，但只要沒有超過標準指數就沒有問題（不同週數、不同體重有不同的標準數值），大部分寶寶滿月之後就會逐漸退黃疸。

新生兒黃疸照光／積極照光（下表括弧內數值）標準（mg/dL）

出生體重 \ 出生天數	0.5 d/o	1 d/o	2 d/o	3 d/o	4 d/o	5 d/o
1001-2000gm	6 (7)	8 (9)	10 (11)	12 (13)	12 (15)	12 (15)
停照標準		6	8	10	10	10
2001-2499 gm 或 GA35-36 +6 週	6 (8)	8 (10)	11 (13)	13 (15)	14 (17)	15 (18)
停照標準		6	9	11	12	13
≧ 2500 gm GA ≧ 37 週	7.8 (9)	10 (12)	13 (15)	15.5 (18)	17.5 (20)	18 (21)
停照標準		8	11	13.5	14	14

如果是一出生就因為黃疸必須接受光照治療的寶寶，建議出院後也要多觀察他的活動力，因為黃疸高，會讓活動力變得比較差。按理說寶寶隨著天數增長，醒來的時間會越長，但若寶寶老是懶懶的，喝奶也不認真，膚色越來越黃，此時就要多加注意。

少部分的寶寶會在出生 1 週後才出現突發性黃疸，很可能是泌尿道感染等其他感染狀況引起，雖然不一定會發燒，但會伴隨著一些代謝變慢的狀況，例如整個人膚色變得很黃，這種情況則建議要立刻就醫。

另外，母奶中的某些成分會使肝臟代謝膽紅素速度變慢，科學家仍在研究到底是什麼關鍵成分，讓新生兒黃疸退得比較慢，所以喝母奶的寶寶大概要 2 個月後，皮膚才會變得比較白。有些媽媽會擔心，若滿月後還有黃疸，要不要暫停母奶呢？其實不需要，醫療院所都會抽血評估相關指數，只要直接性膽紅素比總膽紅素的比例小於 20％ 就沒關係，且直接膽紅素檢驗值小於 1 就不會是膽道閉鎖的問題。有些院所也會建議停母奶幾天，如果換喝配方奶期間黃疸降很快，那就更不用擔心囉。在這段時間，新手爸媽只要多加注意寶寶的大便顏色（參考 P.76-77），同時觀察如果喝奶狀況是否很不錯，臉部黃色有沒有越來越淡，如果都是正常的，就可以放寬心。

鎖骨骨折

因為生產時造成的新生兒鎖骨骨折聽來超驚悚，但其實非常常見，我通常 1、2 週就會遇到這種狀況。先別急著問是不是該打

石膏，其實那個部位不能也不必打石膏，而且新生兒的自癒能力是大人望塵莫及的，骨折處會自己癒合，不需要刻意吃補促進骨頭生長，當然也不用特別將他包起來限制活動，只要避免壓到即可。

爸媽只需要留意，餵奶時要注意姿勢，盡量讓受傷處在上側，減少壓力；穿脫衣服的時候，記得受傷側要最先穿，最後脫。原則上，只要別劇烈碰撞受傷處，骨頭間就會慢慢對齊，大約 2 週內會結成一個骨痂，表示骨折自然痊癒了。如果妳摸到寶寶受傷處出現一小顆硬硬的，那就代表骨痂出現，等滿月之後骨痂會越來越不明顯。

臍帶照顧

寶寶出生 10 天左右，臍帶會自然脫落，當臍帶還沒脫落時會變得較硬，為了避免刮到寶寶的皮膚，尿布不要包得太緊。

脫落的前後幾天，肚臍有滲血狀況是正常現象，可以在洗完澡後用棉棒沾酒精消毒並保持乾燥，有的寶寶滲血狀況比較嚴重，則建議每次換尿布時都用酒精清潔一次。假如臍帶到滿月後都沒有脫落，就需要於回診時評估是否因為免疫問題而導致臍帶延遲脫落。

而有些寶寶臍帶脫落之後，在肚臍中央會有一個小突起的瘜肉，可能會滲血或組織液，只要回診請醫師幫忙點硝酸銀藥水即可，不需要過度擔心。假如臍帶脫落後，肚臍癒合得很好也很乾燥，只是肚臍整個凸出來成為臍疝氣，也不需要太緊張，這只是因為寶寶的腹直肌比較鬆，滿 1 歲後就會消退了。

尿布疹

尿布疹其實是個統稱，只要尿布會包到的區域產生的都稱為尿布疹，而尿布疹的成因相當多，包括潮濕、太熱、大便次數太多悶住皮膚等等。尤其台灣夏天又溼又熱，比較容易長黴菌，導致念珠菌感染，這會比一般尿布疹來得鮮紅，紅疹呈現典型衛星狀分布，要多加注意，需要擦抗黴菌藥才會好。

保持乾爽是避免尿布疹最好的方法，但偏偏寶寶就是得包著尿布，所以新手爸媽記得要勤換尿布，並且搭配溫水洗屁屁，因為單用濕紙巾擦拭不一定擦得乾淨，且濕紙巾摩擦皮膚也是一種刺激。至於妳我小時候常用的痱子粉，因為滑石粉純化過程中，很難完全去除石綿，為避免致癌的疑慮，現在已經禁用了。建議可以為寶寶擦一點含有氧化鋅（ZnO）成分的屁屁膏，可以減少屁屁跟便便接觸、或濕濕的尿布摩擦的刺激。

容易紅屁屁的寶寶，建議在洗完屁股之後用紗布巾拍乾，假如時間允許，可以冒著寶寶噴尿的風險，讓他晾一下屁屁保持乾爽。畢竟，被尿噴到也是一種很特別的體驗，洗乾淨又是一條好漢，如果能讓寶寶舒服一點，我想爸媽多洗幾次也值得吧！

血管瘤

血管瘤常發生在新生兒身上，在眼皮、額頭、後腦勺等皮膚較薄的部位出現，呈現淡紅色，容易被誤認為是疹子，其實是血管瘤。出現血管瘤怎麼辦？其實不需要管它，這種不會突起的血管瘤大多在 1 歲之後就會慢慢消失了喔。

通常寶寶剛洗完澡或哭鬧時，血管瘤會變得很紅，這不是惡

化，而是因為體溫升高導致它變紅，是相當正常的現象。此外，1歲前是寶寶的快速成長期，血管瘤可能也會跟著長大幾個月，同樣會在1歲之後消失，不需要擔心。

唯一要注意的是，假如血管瘤顏色變得鮮紅，而且長成立體狀像顆小紅莓，或者本來上個月沒有，這個月卻突然長出來，就會建議立刻就醫。這不是非常嚴重的問題，不過早點用藥治療，寶寶皮膚會恢復得更好。如果是特別大顆的血管瘤，通常會做超音波、或更精密的影像學檢查，來確認其他器官有沒有合併的血管瘤，以一併治療。

蒙古斑

當妳看到寶寶的屁屁、肩膀或背上出現一塊青青的顏色，先不用急著逼問是誰打他打到烏青，其實可能是蒙古斑啦，在新生兒身上相當常見。

蒙古斑跟胎記不太一樣，顏色較淡，範圍也比較大，同樣不需要特別處理，它會隨著寶寶成長約到1-2歲時自己慢慢消失。

產 台 對 話

護理師：「來爸爸過來，我們核對一下寶寶狀況，兩手 5 隻手指頭，兩腳 5 隻腳趾頭，胎兒外觀都是正常的沒有問題，但屁股有點蒙古斑！長大應該會消掉……」

新手爸：「屁股有芒果乾？長大會消掉？」

護理師：「芒果乾？」

新手爸：「屁股為什麼會長芒果乾？我沒看到芒果乾呀？」

護理師、林醫師、新手爸的太太（也就是產婦本人）：「……」

思宏的 OS：

許多先生在生產時都緊張過度來亂的。

照顧早產寶寶別緊張

　　「早產」聽起來就是一件令大家緊張的事情，尤其身為寶寶提早來報到成為「早產兒」的新手爸媽，更是神經緊繃。

　　首先，我們可以先瞭解一下早產的定義，意即懷孕週數滿 20 週，但未滿 37 週出生的嬰兒，就稱為是早產兒。早產兒不代表身體一定比足月寶寶差，因為大部分小孩的健康狀況，除了看週數之外，體重也是評估標準之一。有些 35、36 週的早產兒，體重跟足月寶寶差不多，發展狀況當然也大同小異，所以，不需要因為寶寶提早 1、2 週出生而太擔心。

　　那麼，出生時體重多少才算標準呢？大部分的人會認為答案是 3000 公克以上，但其實，只要對照出生體重與週數的對照表，寶寶體重介於 10%-90% 之間大致上就很健康。至於百分位小於 10% 比較迷你的寶寶，或者百分位大於 90% 比較肥嫩的寶寶，剛離開媽媽的血液循環支持，一切靠自己後，比較容易血糖不穩定，所以剛出生的幾個小時會多追蹤幾次血糖值，等到寶寶喝奶狀況和血糖值都維持得很穩定後，就不用擔心了。而且，寶寶體重只要滿 1800-1900 公克，基本上就不用住保溫箱，只要身體構造一切正常，餵食穩定後就可以如預期時間帶回家自行照顧。

照顧早產兒，只要多留心以下幾件事情，他們也可以和一般足月寶寶一樣健康長大喔。

首先，由於早產兒普遍體重比較輕，皮下脂肪相對較薄，要更注意保溫，所以體重比較輕的早產兒通常會住在保溫箱內。許多媽媽聽到保溫箱就嚇得六神無主，其實在我的觀念，保溫箱顧名思義就是一個溫度恆定、相對溫暖的空間，沒有任何的藥物成分在內，最大的功能就是避免寶寶失溫。

再者，早產寶寶的吸吮肌肉較弱，吸奶又是寶寶一天最耗體力的時候，所以常常吸一吸就沒力繼續了，建議媽媽要稍微刺激寶寶一下，輕戳嘴巴或搓搓手腳，讓寶寶繼續吃奶。對媽媽來說，餵早產寶寶吃奶，真的需要有更多耐心，一次餵上 1.5 小時或 2 小時都是家常便飯。而且若是採取親餵，因為無法確定寶寶的喝奶量，所以必須更頻繁的餵。

因為吃得慢，所以早產兒的體重增加會慢一些，建議每週量一次寶寶體重，只要體重穩定成長，其實寶寶是會慢慢進步的。醫生評估早產寶寶的身高體重時，也會採用矯正年齡計算，意即將預產期日期當做他的出生日計算，百分位的曲線就會比較正常，不會讓爸媽一看就擔心得要命。假如早產寶寶的出生週數很小、或體重真的過輕，經過醫師評估吃奶量後，可能會額外補充一些營養素，例如綜合維他命、鐵劑或維他命 D3；如果寶寶以喝母奶為主，也可依照成長速度補充母乳添加劑，增加母乳熱量。但該添加哪些營養補充品，都得經過醫生評估，因為究竟該如何補充，必須視寶寶的狀況決定。

再來，早產寶寶的「呼吸狀況」也需要多留心注意。有些早產寶寶剛出生時暫時性呼吸急促，呼吸頻率會比較快，通常1週內肺泡裡的羊水漸漸排乾淨後，呼吸會越來越平順，便可以安穩地回家。在家的時候，爸媽可以注意寶寶的呼吸次數，1分鐘30-50下都屬於正常範圍，如果1分鐘呼吸大於60次以上，建議立刻就醫。

很多爸媽會擔心呼吸的問題是否因為寶寶的肺部或其他身體構造有異常，實際上，寶寶只要滿35、36週，肺部發育都已臻完整，只是因為寶寶本來泡在羊水裡，直到出生的那一刻才開始哇哇哇的大哭，用力呼吸新鮮空氣，經由自然產的寶寶由於在產道裡受到擠壓，所以積在肺部裡的羊水可以排得比較乾淨；而剖腹產的寶寶則因為生產時間較短，沒有經過產道擠壓的過程，肺部裡可能還會有一點點羊水未排出而影響到呼吸，這是早產寶寶比較常見的問題，但只要透過呼吸運動或哭一陣子後，還是可以把羊水排掉，不會有後遺症。偶爾有些比較嚴重的寶寶，經由呼吸器的幫忙，仍可完全改善，不用擔心長大以後呼吸功能受影響。

也許早產寶寶在體重或食量方面的發展，會比足月寶寶慢一點，但只要是醫師評估後可以讓爸媽帶回家自行照顧的，基本上不會有大礙，只是需要較多時間適應。照顧1、2個月後沒有發現任何特殊狀況的話，更可以放寬心把他當一般足月寶寶看待，無須太過緊張。

親愛的，關於哺乳，
選擇權一直在妳手上

對一個女人來說，生產絕對是一項生命中的劇變，隨之而來的是種種新挑戰，而哺乳肯定是讓許多媽媽崩潰的難關。

從產前開始，就有一堆人用各式各樣的說法鼓吹妳一定要全親餵，也有人會說：餵配方奶也很好呀！到底該餵母奶還是配方奶？要親餵還是瓶餵？可能都會讓妳猶豫再三，甚至造成妳的心理壓力。其實，說一句中肯但不太中聽的話，乳房長在妳身上，該怎麼餵，應該視妳個人意志決定。各位親友們，也把關於如何哺乳的選擇權，還給媽媽吧。

由於新生兒主要的營養來源是奶，如果妳對於選擇母乳還是配方奶很困惑，不如先多了解一下其中的差異，再進一步思考究竟該怎麼做。

目前大部分醫學證據顯示，母乳中含有活性的免疫球蛋白等物質，能夠增強新生兒抵抗力，整體來說的確是有好處。除此之外，哺乳對媽媽也有助益。有些媽媽剛生產完，會抱怨肚子怎麼還是大大的，好像又懷孕 5 個月，這是因為此時子宮還很大，肚皮還很鬆，而餵母奶就可以幫助子宮收縮，也因此，哺乳時若有

宮縮痛、子宮緊緊的感覺，都屬於正常現象。另一方面，由於哺乳時泌乳激素提高，可能會使妳的生理期延遲更長時間才來。對於覺得生理期很麻煩的女性來說，好像也能稱得上是一項優點。

當然，餵母奶也有相對的缺點，感受最深的應該就是脹奶的不舒適感。脹奶時，會有種氣球快脹破的感覺，而且還會伴隨著疼痛；通常平均 3 小時就會開始有脹奶反應，這是因為開始哺乳後，荷爾蒙會變得很規律，妳的身體會預期新生兒吃奶的時間到了，便開始分泌乳汁，此時如果不想辦法擠出來，就會脹得非常難受。乳房變成會規律脹痛的器官，大概是許多新手媽媽在產前很難體會的感受，而生理上的不舒服與必須規律擠奶的新生活習慣，也意味著哺餵母乳的媽媽很難單獨出遠門，更別說是像以前一樣，隨時揹個小包包說走就走，總是有新生兒或吸集乳器、溢乳墊、各式擦巾清潔棉，林林總總好大一包隨時攜帶在身邊。

母奶雖好，我必須要說，媽媽們沒必要對配方奶避之唯恐不及。但是政府推行哺餵母乳的政策，使醫療院所或月子中心都必須在產婦簽署同意書之後，才能夠餵寶寶喝配方奶。這個舉動的確會讓新手爸媽有點擔心，好像配方奶是萬惡的毒藥。其實配方奶一樣可以提供新生兒所需的營養，只不過不具有母乳某些不可取代的優質成分罷了。

鼓勵哺餵母乳的立意良好，但沒有必要強迫每個媽媽都採用全母奶，有的人天生乳汁少，再怎麼擠也只有幾 c.c.，如果妳已經很努力了，就別勉強自己全親餵，給新生兒喝配方奶一點都不可恥，請別因為別人的眼光和想法而有罪惡感，這才是放過妳自

己的方式。而且，偶爾會有全母乳寶寶，因為生長百分位低於 3%，
醫師通常也會建議補一點配方奶或其他營養補給品。補配方奶有
個非常好的方法，當寶寶吸吮母乳時，放入口胃管輔助（放在口
腔即可），口胃管另一端連接奶瓶裡的配方奶，如此寶寶透過口
胃管補充配方奶的同時，仍可刺激媽媽乳汁分泌，媽媽也依然能
享受親餵的親密時光。

　　無論是母奶或配方奶，重點都在於給新生兒足夠的營養。母
奶固然好，但也不必對配方奶敬而遠之，將其視為妖魔鬼怪，還
不如在產前先了解配方奶的品牌，原則上挑選大牌子總是比較有
保障，先稍微做點功課，假如日後要餵配方奶，妳才不用臨時抱
佛腳，面對琳琅滿目的牌子不知如何是好。

　　至於究竟要親餵還是瓶餵，對很多媽媽來說，也像是站在人
生十字路口一樣難以抉擇的決定。簡單打個比方來說，瓶餵就是
定時定量供餐，妳可以確切掌握新生兒的進食量與狀況；親餵就
像吃 buffet，新生兒餓了就吃、想吃就吃，但妳很難確定他吃的
量究竟有多少。尤其全親餵的媽媽，根本就像是不限時、不打烊
的 buffet，讓新生兒隨時都能喝奶。

　　回想一下，妳去吃 buffet 時的狀況是什麼？往往是細水長流、
少量多次的吃法對吧？新生兒也是一樣。所以通常採全親餵的新
生兒不會一次吃飽，多半 1 到 2 小時就餓了，如果一天餵 8-12 次，
加上平均餵一次得花上半小時至 1 小時，全親餵的媽媽就會有種
一天 24 小時都在餵奶的感覺，連半夜也不例外。全母奶媽媽笑
稱自己是「乳牛」，就是這個狀況（其實乳牛一天只擠兩次奶！）。

　　至於瓶餵，有可能是泡配方奶，也有可能是預先擠好的母奶，因為可以估算份量，所以新生兒吃一餐可以撐 4 個小時，平均一天餵 6 次。瓶餵的好處是，媽媽不用窮擔心孩子沒吃飽，而且，新生兒在睡眠時也比較不會常醒來討奶。

　　不過，雖然全親餵的媽媽根本就是整天「讓寶寶掛在身上」，但優點是不用買奶瓶，也省去洗奶瓶、消毒奶瓶的麻煩，出門更不用多帶哩哩扣扣大包小包的東西。假如晚上孩子肚子餓，妳就算睏得要命也不用「踢」老公去泡奶，更不用等泡好的奶放涼，衣服拉開就能餵飽新生兒了。

　　談到這裡，妳應該了解，不管是親餵或瓶餵、母奶或配方奶都各有優缺點。我知道很多人提倡全母奶，但也不代表全母奶才是唯一真理。近年我在診間遇過一些媽媽，因為不喜歡親餵的感覺，果斷選擇瓶餵，我覺得這是很健康的想法。因為每種哺乳方式都是好方法，餵奶應該是一件享受的事，是妳和孩子之間最親密的時刻，其他人的經驗未必適用於妳，妳應該要評估自己的生活形態與時間分配，再與妳的寶寶磨合出最適合的方式。

　　而且，雖然寶寶再大一點就可以開始吃副食品，但在 4-6 個月內，奶還是主要營養來源，副食品只是進食練習，目前醫學界也提倡應哺乳到寶寶 1 歲之後，這表示哺乳是一件長期進行的事情。打個比方，**哺乳跟運動有點像，運動重點是持之以恆，哺乳也一樣，不是 2、3 天就會結束的事，與其聽別人指導妳該怎麼做，我倒覺得，摸索出妳喜歡並且能開心持續下去的方式，才是對妳跟寶寶最好的方式。**

配方媽：「林醫師，你奶粉有沒有什麼建議，○○好貴呀！一罐 1600 只
能吃一個星期！」

淡定林：「1600 還嫌貴，妳孩子一天吃 6 餐，一星期 7 天超過 40 餐，
除起來才一餐 40 元，妳連一杯珍奶都買不到，還嫌貴……」

配方媽：「……好像是。」

思宏的 OS：

水比汽油貴這件事大家知道吧，瓶裝水 600cc 約 20 元，98 無鉛 1000cc 是 30
元，自己算一下喔！嫌配方奶貴就擠奶吧，行動母乳庫好處多多。

哞！哺乳好自在

哺乳不是一件簡單輕鬆的差事，尤其在剛開始，總是各種手忙腳亂，該怎麼開始？怎麼進行？怎麼才是正確的哺乳？似乎問題一堆，其實哺乳沒有想像中的難，重點是不要有錯誤的幻想，也不要給自己太大的壓力，妳會發現，哺乳可以是一件很享受的事，也是妳和寶寶的親密時光。

怎麼開始哺乳？

首先，我要再度聲明，請大家不要再以為生完孩子，奶就會順利的「貢貢流」。我在上一本書《樂孕》有提到，懷孕滿 37 週產前就可以開始練習擠奶，如果妳有乖乖照做，恭喜妳，想必哺乳之路順利許多。如果不知道可以產前預先擠奶，在沒有練習的狀況下，也先別焦慮是不是奶量會不如人，產後記得給自己一點時間，大概 7 到 10 天的時間，約莫 7-8 成左右的媽媽泌乳都會變得滿順利。

一般來說，生產完第一天的泌乳量通常是一次 1-2c.c.，2 天內 3 小時擠一次奶，一次有 2-3c.c. 就屬正常，往後奶量會逐漸增加，滿 3 天一次可擠 5-10c.c.，滿 4 天後，基本上每天都可以多 10c.c.，因此原則上 2 週內，幾乎多數媽媽一次奶量都有機會到

80-100c.c.，至於有沒有機會衝到 150-200c.c.，那就不一定了。

　　以上是順利狀況下的進度，當然不是每個媽媽的泌乳量都會漸入佳境，妳還必須先有一個認知：如果過了 10 天，奶量仍然只有幾滴，千萬不要自責也不要太逼迫自己，換成餵配方奶，寶寶一樣會健康長大，妳也不用那麼辛苦。

哺乳姿勢

　　很多事情看別人做很簡單，自己執行起來才知道不容易，哺乳也是如此，因為妳餵的是一個剛出生的寶寶，什麼都不懂，教也教不會，又無法溝通，喜歡任性的哭，這時候多嘗試、多練習準沒錯。

　　最常見的哺乳姿勢可分為搖籃式、橄欖球式及躺餵式，一般產後都會先以搖籃式直接抱著寶寶餵，我會建議每個姿勢都試試看，找出最輕鬆、最不費力的姿勢。

你喜歡哪一種親餵姿勢呢？

搖籃式
（雙手環抱）

橄欖球式
（夾在腋下）

躺餵式
（放置床上）

　　因為出力硬撐的姿勢很容易因為疲憊就改變，連帶會影響到
寶寶含乳角度，加上寶寶越來越重，妳只會越來越難抱著寶寶，
所以一定要找出最舒服的姿勢。接著，也可以慢慢練習側躺著餵，
這個姿勢很放鬆，非常適合在家或半夜的時候餵寶寶，讓媽媽可
以趁機休息一下。

哺乳訣竅

　　雖然吃是人類本能，但寶寶可不是一出生就知道如何正確含
乳。而不正確的含乳會讓寶寶吸奶沒那麼順，所以需要妳和寶寶
一起多多練習。

　　如果妳採用親餵，寶寶正確的含乳範圍應該是嘴巴含住整個
乳頭及部分乳暈，若無法正確含乳，原因有可能是哺乳姿勢不當，
也有可能是因為寶寶嘴巴太小，這時候會需要護理人員幫忙，使
用一種奶嘴設計得像媽媽乳頭的寬口奶瓶，訓練撐大寶寶的嘴巴
讓他適應。

　　有些親餵的媽媽會趁寶寶張嘴找乳房時，趁機將乳頭塞進寶
寶嘴裡，但可不是塞進去就海闊天空。很多寶寶都只是「掛」在
乳房上，想到才吸一下，此時媽媽可以試著搓搓寶寶的背或是耳
後、下巴等處，或者戳戳他的嘴巴給予刺激，都能讓寶寶吸奶更
順利。至於瓶餵也是類似的道理，建議媽媽拿奶瓶的手可以維持
韻律感，給寶寶小小的刺激，漸漸他就會知道如何吸奶。

　　除非天生神力，否則真的不是每個寶寶一出生就喝奶喝得嚇
嚇叫，只要多點耐心、多練習，哺乳其實沒有那麼難！

哺乳的次數和時間，寶寶有吃飽嗎？

前面說過，全親餵就像吃 buffet，寶寶不一定會一次吃到飽，往往 1-2 小時就餓了，一天平均要餵 8-12 次；瓶餵則是固定量喝好喝滿，約莫可以撐 4 個小時以上，一天餵 6 次左右。餵一次奶的時間大概需要 30 分鐘到 1 小時左右。

瓶餵的份量拿捏可以簡單推算：寶寶出生第一天胃容量很小，足月產的寶寶每餐約 10c.c.，第二天每餐約 20c.c.，第三天每餐 30c.c.，第四天每餐 40c.c.，第五天每餐 50c.c.；以此類推，直到第九天後，寶寶一餐喝到 80-90c.c.，一天的奶水量達到每天每公斤 150-180c.c.，熱量達到每天每公斤 100-120 大卡，就很足夠寶寶長得頭好壯壯了！

而如果妳是親餵，很難確認奶量，以下有 3 種方式可以幫助妳判斷寶寶究竟有沒有吃飽：

1. 表情和肢體。如果寶寶吃飽會全身癱軟或帶著滿足微笑在妳懷裡睡去（這種境界只能意會，不能言傳，請各位媽媽自己體會）。

2. 換尿布的次數。喝夠奶量的寶寶出生第一天至少要尿濕 1 次尿布，接下來第二天 2 次，第三天 3 次，第四天 4 次，以此類推；等第六天之後，則至少會換 6 次沈甸甸的溼尿布。

3. 體重增加幅度。以 3 公斤以上的寶寶來説，如果有喝飽喝足，平均每一天應該要多 30 公克，每一週多 200-250 公克，第一個月大概 800 公克到 1 公斤的體重。

假如寶寶於以上這 3 種情況中都符合標準，基本上就不用

擔心他沒吃飽了。相反的，如果寶寶的尿液帶點粉紅色，也就是結晶尿，這代表寶寶已經稍微脫水，得要更頻繁的餵奶；或者體重下降超過 7-10%，也會需要多餵寶寶一點，若是體重下降超過10%，則強烈建議要補配方奶，避免黃疸及脫水等情況。

我想要提醒大家的是，全母奶的確很棒，但餵配方奶也並不可恥，讓寶寶吃飽，他才有足夠體力應付吸吮的動作，畢竟對寶寶來說，吸奶可是一件很費力的事情。

雖然全親餵很方便，想吃就吃，還是得注意一下餵奶狀況。江湖傳言吃母奶不容易虛胖，但我還是看過不少肥嘟嘟的母奶寶寶。小孩子肉肉的，的確很可愛，但仍要注意生長百分位，如果已經超過 97% 的正常範圍，代表寶寶可能有點過重，必須稍微調整一下餵奶次數。

就像大人也時常明明不餓，但嘴巴就是停不下來，有時候，寶寶哭不是真的餓，而是口腹之欲。假如哭的間隔很短，未必要餵奶，而是可以拿固齒器或一些玩具給他咬，都可以避免寶寶吃下過多的奶量。

睡前該不該多餵一點？

很多人都會問，睡前多餵一點奶，寶寶是不是比較好睡？回答這個問題前，我想先問新手爸媽們，你們敢每天吃宵夜嗎？如果你們會怕胖不敢吃，為什麼要讓寶寶睡前吃宵夜呢？

大人吃宵夜會胖，寶寶每天睡前多喝奶當然也會虛胖，所以我的想法是不必要刻意多餵，按照正常份量餵就好。因為寶寶沒那麼嬌貴，妳睡一晚沒吃都不怕餓著了，寶寶睡前沒大量喝奶，

頂多就是半夜餓了再哭著討奶，雖然我知道半夜餵奶很累、很疲勞，但請牙一咬忍過去，等寶寶稍微大一點，空腹的時間就可以拉長，約 2-3 個月後，體重達到 5.5-6 公斤，「睡過夜」的機率就會大幅提升。

總之，如果不想讓孩子「肥」在起跑點，睡前還是別刻意讓他吃太多吧！

餵奶後該做什麼事？

很多寶寶喝完奶後，就會開始昏昏欲睡，這時候請先記得幫他拍嗝。因為不論瓶餵或親餵，寶寶或多或少會吸到一些空氣，假如吃飽直接躺下，當寶寶想把氣嗝出來時，往往會夾雜著一些乳汁，很容易嗆到。

此外，由於寶寶的腸胃還沒完全發展成熟，胃與食道之間的賁門括約肌功能也不完全不像大人的那麼成熟，管路沒有明顯的轉折，加上胃裡的奶要完全排空比較慢，需要好幾個小時，所以寶寶更容易胃食道逆流導致吐奶，時常剛吃飽，胃還很脹的時候，身體稍微扭動一下就吐奶；或者明明已經拍出嗝了，但姿勢一改變又馬上吐奶。

解決方法是，餵完寶寶並拍嗝之後先別急著將他們放下，平躺容易造成寶寶胃食道逆流，可以試著拍嗝之後先抱著他們，讓他們以直立或斜躺 45 度的狀態先休息一下，就能減少吐奶。寶寶溢吐奶的問題會隨著時間逐漸改善，通常 3 個月內的寶寶有一半每天會溢奶溢到數不清次數，4 個月大時約 7 成每天還剩 1 次溢奶，到 6 個月後，他們的腸胃逐漸發展成熟，賁門的閉合功能

更好，溢吐奶的狀況就會減少很多。

　　一般來說，寶寶吃飽後完成拍嗝，媽媽用乾淨濕紙巾擦拭乳頭，這次哺乳就算完成了。不過睡前最後一次餵奶，我還建議可以用紗布巾輕輕擦拭寶寶的口腔，包括牙齦、上下顎、粘膜處。除了清潔之外，同時也是給予寶寶口腔一點刺激，可以減少乳頭混淆的情況發生，將來對於副食品的接受度也會更高。

哺乳的用具

　　我相信關於哺乳需要採購的輔助用品，不需要多講，妳可能都已經丟進購物車了。假如妳還猶豫不決要不要結帳，以下這份清單可能有助於妳下決定。

親餵常用的工具

　　哺乳衣：方便哺乳，穿起來又舒適，多囤幾件都不過分。

　　哺乳內衣：很多媽媽會在哺乳期結束後驚覺：「天啊！我胸部怎麼變這麼小！」其實不是胸部變小，而是哺乳期間乳房會脹大，才有胸部變大的假象，一旦不再哺乳，就是「打回原形」的時候。哺乳期間，因為乳房會時大時小，穿著鋼圈內衣可能會很不舒服，為了力求輕鬆舒服，我會建議穿沒有鋼圈的哺乳內衣，不僅有特別設計的開口能夠方便餵奶，也比較能減少乳頭摩擦，降低疼痛的感覺。再者，罩杯大小，要等到哺乳結束才見真章，哺乳期間買的鋼圈內衣，最後很可能根本沒有一件尺寸適合，真的很悲劇呀。

　　溢乳墊：哺乳中的媽媽，如果來不及在對的時機點擠奶，就

很容易發生胸前溼一片的尷尬現象，也有媽媽只要聽到小孩的哭聲，乳汁就會自動分泌而發生溢奶狀況，使用溢乳墊能避免這類滲奶的尷尬畫面。而且溢乳墊也能隔絕內衣，同樣可避免脆弱的乳頭過度磨擦。現在市面上有很多品牌可供選擇，也分為拋棄式及重複使用兩種，媽媽可依照自己的需求買來試用，好用再囤貨，否則溢乳墊不便宜，長期買下來也是一筆開銷。

哺乳巾：有了這條巾，親餵媽媽可以走到哪餵到哪，整個城市都是妳的哺乳室。

羊脂膏：有些寶寶含乳不當，常會造成媽媽乳頭受傷，羊脂膏可以滋潤乳頭。

瓶餵常用的工具

電動擠奶器：通常 1 週後奶量較多時，就可以開始使用電動擠奶器，方便又省時。

母乳袋：顧名思義，就是儲存母乳的容器。

奶瓶：如果妳希望等老公下班再把奶瓶丟給他洗，記得買 6 支以上（瓶餵一天平均餵 6 次）。如果想畢其功於一役，可以備 4 大（240c.c.）2 小（160c.c.），雖然拿 240c.c. 的奶瓶餵新生兒老公可能會笑妳，但到了 6 個月以後寶寶副食吃得好，平均奶量 210-240ml 每天 4 餐，老公就會覺得妳怎麼這麼聰明。

奶瓶刷：顧名思義，洗奶瓶的刷子，建議挑選老公喜歡的顏色（哈哈哈）。

其他的消毒器、溫奶器、營養補充品等等，就看妳本身的狀況與需求，再進一步考慮要不要買。不過切記，買這些東西是要

更省事，而不是讓自己更焦慮的，例如老公明明消毒過奶瓶了，妳偏偏不放心又要再消毒一次，這到底是何苦呢？

收集與保存母乳

生產後前 3 天，擠出來的母奶稱為「初乳」，呈現深黃色，營養價值比較高，漸漸地會稀釋成淡黃色轉為「成熟乳」。

雖然初乳營養價值高，但是不用擔心產前練習會把珍貴初乳擠掉。產前練習擠奶不一定要定時，有了充分的休息與練習，乳汁分泌會更順利，而且如果產前就能先擠些奶冷凍起來，也不用擔心寶寶出生後會「斷糧」。

初期如果一次擠奶的量在 10c.c. 以下，通常用針管收集即可，接著直接冷藏或直接整支冷凍即可，一旦乳汁分泌變多，再改以母乳袋收集。

母乳就像沒有經過殺菌的生鮮食品，建議冷藏不超過 1 週，冷凍的期限則是半年。假如妳很擔心這樣不夠新鮮，那有個更嚴格的「333 原則」，也就是室溫 3 小時、冷藏 3 天、冷凍 3 個月，確保母乳不會變質。

有些媽媽奶量豐富，冷凍庫冰了滿滿的母乳，在這裡提醒大家，冷凍母乳除了需要在母乳袋外標明日期之外，當要拿出來給寶寶喝時，記得先從最近期的開始喝，再喝放得久一點點的，這樣一來，才不會老是在喝舊奶。

過了保存期限的奶，可以拿來做母乳皂，現在甚至有客製母乳飾品服務，既不浪費，還是一個可以合理花錢的選項喔！

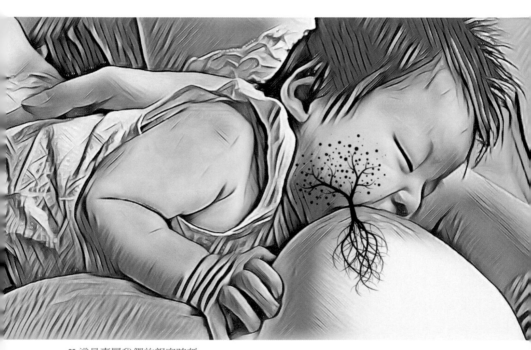

♥這是專屬我們的親密時刻。
　圖／黃惠鈞

哺乳期的飲食、營養補充、藥物與其他禁忌

哺乳期間該怎麼吃？有哪些東西不能吃？又有哪些禁忌？想必很多產後媽媽的疑惑，不亞於孕期的飲食問題，網路上一堆資訊看得頭昏眼花，其實只要遵循幾個大原則，沒必要把自己搞得神經兮兮。

哺乳期間的飲食其實跟孕期差不多，多攝取蛋白質與水分，澱粉與油脂適量，最重要是營養均衡，唯一的飲食禁忌就是酒精。實證醫學已經指出，酒精對於寶寶的腦部發育會造成負面影響。這並不代表華人坐月子要吃全酒麻油雞的傳統是錯的，只是端看個人要相信科學或者服膺傳統。假如真的不慎攝取到酒精，醫學文獻也建議，當餐 4 小時後把奶擠掉，基本上就不會造成太大影響。

至於若想增加奶量，母乳的基本成分是水，當然要從補充水分下手，有人說產後只能喝米酒水或黑豆水，說穿了不就是水？多補充水、魚湯、排骨湯這類湯水，對於泌乳量都一樣有幫助。至於黑麥汁、花生豬腳等膠原蛋白豐富的食物，或多或少能幫助發奶，但不一定適用所有人。只要不吃過量，妳都可以試試看。

　　所以，基本上哺乳期間什麼都能吃。有人會說不能吃辣，否則奶會變辣的，關於這個問題，我的建議是，妳自己試喝奶看看就知道，這根本是無稽之談。假如妳孕期仍有喝茶、喝咖啡，哺乳時也不必完全戒掉，只要參考孕期時的咖啡因攝取量，一天不超過 200mg 即可。哺乳已經很辛苦了，搞得連杯珍奶都不能喝，豈不是太殘忍了嗎？

　　至於有些媽媽本來會在家裡放一些香氛蠟燭，也沒必要因為哺乳而停用，如果香氛真能讓妳放鬆，反而對泌乳有幫助，不必擔心妳一聞，就會有化學物質跑進乳汁裡。除此之外，任何擦的、抹的、點的外用乳液藥膏也可以照用不誤，同樣不會對寶寶影響。

　　只有要特別提醒的是，某部分抗生素、精神科藥物、抗癲癇、憂鬱症藥物等等，比較容易經由乳腺分泌到乳汁裡。所以如果身體不適需要就醫時，務必記得告知正值哺乳期間，由專業醫生評估如何用藥最安全。

　　此外，我還想給各位媽媽一個觀念，很多孕婦懷孕期間會吃鈣片、維他命、魚油等營養補充品，因為希望有健康的身體孕育下一代，但這些營養品可不是生完就丟到一旁，生產之後，妳更應該繼續吃，因為產後的妳非常需要維持健康的身體才能照顧寶寶。所以，懷孕期間吃的營養補給品，產後都可以繼續吃，尤其哺乳的過程更要持續服用。

　　其中特別可以多補充的是卵磷脂，懷孕第三孕期就可以開始每天補充 1000 毫克左右的卵磷脂，產後幾天則應提高劑量，建議一天可攝取 3000-6000 毫克，這是因為由於剛生產完第一週，

乳汁比較濃稠也比較少，乳腺就有點像淤塞的水溝，卵磷脂有助於稀釋乳汁，讓乳腺更通暢，等到泌乳順暢之後再降低劑量至 1000 毫克。整個哺乳期都可以持續攝取卵磷脂，讓哺乳更順利。

　　最後，江湖傳言餵母乳容易瘦，其實這是真的，由於哺乳會消耗熱量，假設以母乳 100c.c. 約 70 大卡來計算，一天的奶量平均可以消耗 400-500 大卡，加上妳自身每天的基礎代謝，還有擠奶也需要相當體力，算一算消耗的熱量還真不少，所以媽媽們一定要攝取足夠熱量，才能維持身體所需，也不容易變胖。

　　開心嗎，但人生就是有一好沒兩好，尤其減肥這條路更是艱辛，哺乳時媽媽很容易餓，要是仗著「餵母奶容易瘦」狂吃猛吃放肆吃，熱量消耗趕不上攝取和囤積的速度，當然瘦不下來。所以，哺乳期間若好好控制飲食，尤其隨著奶量減少，吃的熱量要隨之降低，的確有助於產後瘦身，但切記還是要攝取到足夠的熱量，因為過度減肥會使得母乳中的養分變少，對妳和寶寶都沒有益處。

擠奶這條路踏上了，
喊卡其實也不會怎麼樣

關於哺乳，永遠是新手媽媽壓力最大的課題。如前幾篇，當妳過了選擇餵母奶還是配方奶、要親餵還是瓶餵的關卡之後，還要學習哺乳訣竅、哺乳姿勢、觀察寶寶吃飽了沒……，甚至飲食仍會因為哺乳期有所限制，種種妳根本沒有想過或學習過的事情接踵而來，更別說如果妳是選擇哺餵母奶的媽媽了，遭遇到的挫折有可能比妳想像中得大。

妳應該有發現，我不停的倡導產前滿 37 週就可以開始練習擠奶，不是因為我想獨排眾議，是因為看到有 9 成的媽媽為了哺乳不順而哭泣，而預先練習擠奶，絕對是一個可以降低產後哺乳挫折感的好方法。

許多媽媽都抱持著「我生完就會有奶」、「產前擠奶會早產」的想法，但哺乳乳腺就像馬路拓寬工程一樣，妳不事先疏通它，屆時有奶也出不來。這也是為什麼很多生第二胎的媽媽擠奶特別順，因為早在第一胎時，馬路早就拓寬了，乳腺已經疏通了，哺乳的進度也就加快許多。

產前疏於練習，導致了產後沒有奶的狀況，使得媽媽挫折感很重，常常自責「為什麼我會這樣？」、「是不是我胸部太小才

沒有奶？」其實這不是妳個人的問題，大多數的媽媽都曾有過這種心情。

首先需要跟大家澄清的是，奶量多寡與胸部大小完全沒有關係，有時胸部太大反而很難刺激到乳腺，擠得手超酸；再者，由於母乳中含有很多對寶寶有利的活性物質，社會風氣又大力提倡餵母乳，漸漸地，「餵母乳」竟成為評判妳是不是個好媽媽的標準。此外，對媽媽來說，最大的壓力源莫過於奶量無法滿足寶寶需求，尤其是希望全親餵的媽媽，壓力更大。但哺乳這件事，不是妳一個人說了算，有時寶寶還不太會含乳，導致吸不到奶；或者是一含乳就開始睡覺不認真吃……各種不受控的狀況，總讓媽媽感到挫折又無力。

的確，親餵可以與孩子建立更親密的關係，但這句話的意義不能反推成「瓶餵就會跟小孩比較疏離」，我想說的是，餵奶不是唯一母愛的表現，不一定要全母奶、全親餵才稱得上愛小孩。

而且，一定有很多人告訴妳，想增加奶量就必須定時擠奶，這當然沒有錯，但「追奶」可不是要妳變身壞老闆，沒日沒夜壓榨自己的乳房。

我查房時，注意到許多剛哺乳的媽媽沒有節奏感的擠奶，往往曠日費時、事倍功半，累得要命但奶量依舊不足。其實這是因為妳的乳房沒有充分休息，造成乳頭水腫、乳管腫脹，即使有再多奶也擠不出來，反而更容易脹成石頭奶。

我要告訴大家的是：想要有豐沛的母乳，就要放過妳的雙乳。 所以母奶媽媽們，給妳的胸部一些喘息時間吧！不信的話，請看下圖。圖中是乳牛一整天的作息圖，發現了嗎？乳牛一天的擠奶時間約 2 小時，早晚各一次而已，有超過一半的時間在休息，另外 4 分之 1 的時間在進食。當主要工作是製造牛奶的乳牛一天作息是這樣，製造母乳的妳當然也應該如此。

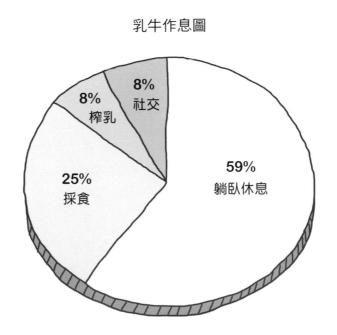

乳牛作息圖

所以我建議剛開始擠奶的妳，兩邊乳房各擠 15 分鐘，按摩 5 分鐘後再各擠 5 分鐘，總共 45-50 分鐘就收工，千萬不要超過 1

小時。擠完一次至少休息 2 小時再進行下一次擠奶，讓乳房充分休息、消腫，擠奶會更順利。只要妳抓到時間的節奏感，擠奶也能有高效率。

說真的，泌乳這件事跟生理期或能否受孕有點像，很容易被心理壓力影響。妳應該有類似經驗：掛念著生理期一直不來很心浮氣躁，等到妳忘了這件事，它就無預警來了；或者是本來遲遲無法受孕，寶寶卻在妳決定放棄懷孕時突然來報到。

有句話說，「夢想這條路踏上了，跪著也要走完」，這種奮發勵志的態度拿來對付人生就好，不需要讓妳的乳房背負這麼大壓力，擠奶這條路踏上了，喊卡其實也不會怎麼樣。老是想著要追奶、自責沒辦法全親餵，種種心理壓力都會影響泌乳量，所以，妳不只要給胸部一點喘息時間，也要讓心情放鬆下來。

產前練習、產後充分休息，是有助母乳人生的兩大要素，假如妳能做的都做了，奶量仍然不足，也請不要怪罪自己。別人可以因為全親餵感到驕傲，妳餵配方奶也不可恥，無論用什麼方式餵奶，都無損於妳愛孩子的心。

最後我也想跟媽媽的隊友及身邊的親友呼籲一下，擠奶的痛苦和壓力，只有媽媽本人才懂，你們一句無心之言「啊怎麼都沒有奶」、「小孩子是不是沒吃飽，怎麼這麼瘦？」聽在奮力追奶的媽媽耳裡，都像帶刺的指責。

所以，雖然乳房長在媽媽身上，其他人幫不上忙，但至少說話前請三思，不要讓自以為的好意與關心，變成壓垮哺乳媽媽的最後一根稻草。

那些奶與餵奶的煩惱

看過一本書寫道：「生孩子，就是撿到一本武林秘笈，一旦開練妳就得繼續練下去。」相信很多母親都深有同感，尤其原本乳房只是一個單純的性徵，突然要轉變為具餵食功能的器官，途中難免有適應不良的陣痛期。而且哺乳這件事，不是妳自己說了算，有的人天生乳量多，有的人拚了命就只擠得出兩滴；另外，還得看懷裡的孩子配不配合，賞不賞臉。

生了孩子，奶的命運，突然變得很坎坷，也成為眾多產婦的煩惱。沒關係，妳不寂寞，在哺乳這條路上，歷經挫敗的前輩如過江之鯽，以下也列出幾項常見關卡，希望所有媽媽都能放寬心，順利練完哺乳這項功夫！

乳頭疼痛

在每個頭好壯壯的寶寶背後，可能都有一個練成「鋼鐵奶頭」的媽媽。雖然說大家都理解正確的含乳範圍包括了乳頭及部分乳暈，只要姿勢正確，原則上不會受傷。但，寶寶哪裡懂呢？剛出生嘴巴小，又還聽不懂人話，嘴巴只含住乳頭晃來晃去，媽媽當然容易受傷。

所以說，乳頭裂傷、疼痛，有小白點，幾乎是每個親餵媽媽

必經路程。尤其剛生產完母愛大爆發，媽媽們通常用一種不成功便成仁的精神在餵奶，寶寶幾乎不離身。妳跟老公再恩愛，此生應該也不曾有過這種乳頭時時塞在別人口中的感覺，而且寶寶嘴裡並不是完全無菌的環境，所以通常生產完前幾天，媽媽的乳頭都會痛不欲生，這時候建議塗點母奶、乳房滋養油或羊脂膏，都有助於舒緩、滋潤皮膚。

脹奶痛

　　脹奶痛應該也可榮登哺乳痛苦指數前三名，可別以為脹奶等於奶量多，嚴格來說，脹奶是因為不斷用不當方式刺激，讓乳腺腫脹，導致奶量明明不多卻擠不出來的狀況。因為乳汁是乳腺泌乳後經由乳管，再到乳頭，假如妳沒有完整休息，讓乳頭、乳暈一直呈現水腫狀態，乳管會受到壓迫。一旦乳管受到壓迫，乳汁就更出不來，乳房會變得更脹，變成俗稱的「石頭奶」。

　　石頭奶，意味著乳腺不順，類似馬路發生車禍的概念，不可能期望立刻有拖車來把車子拖走，最重要的是有人來指揮交通，物理治療師、泌乳顧問或通乳師就扮演著疏通馬路的角色。

　　但切記不要病急亂投醫，現在市面上通乳師、泌乳顧問良莠不齊，不是找個人硬推胸部就有效果，相反的，不當的手法很容易造成乳腺受傷，甚至乳管破裂，導致更難擠出乳汁。

　　而且坦白說，一旦出現石頭奶，醫生能為妳做的少之又少，最棒的通乳師還是妳的寶寶，妳也可以用疏乳棒按摩，或者尋求泌乳顧問或物理治療師的協助，用特殊的儀器可以震碎結塊的乳汁，讓它比較好擠出來。

想避免脹奶，多按摩對乳腺絕對有幫助，如果脹奶時寶寶不合作，不願意乖乖幫妳吸，請記得妳還有一個隊友。就算他很豬，但再怎麼樣，這個任務也只有他能代勞。在這裡也要跟眾多隊友呼籲，為了老婆的胸部，務必跨越心理障礙，陪她度過脹奶痛的難關啊！

可怕的乳腺炎

很多媽媽在生產前會抱持著不切實際的幻想，包括生產後奶就會汩汩湧出，以及寶寶一出生後就能順利哺乳。

但實際上的情況是，寶寶一開始不太會含乳，造成前面所說的乳頭破皮和疼痛問題，此時破皮的乳房沒辦法再讓寶寶吸乳，也不能用機器擠，只能徒手擠奶。可是徒手通常又只能擠出近端的奶，無法像寶寶吸得那麼乾淨，整個胸部當然變得很脹，此時更需要將奶從乳房的後端擠到靠近乳頭的近端，再進一步擠出來。

這個過程其實非常痛，很少人能夠對自己下重手，但若不忍痛疏通乳腺，胸部深層處發脹，再加上乳汁本就有點黏稠，乳管會很容易阻塞，若乳頭傷口又導致細菌感染，就會形成乳腺炎。

跟脹奶不同的地方是，乳腺炎會有腫脹、灼熱的感覺，胸部外觀也會變得紅腫，可能還伴隨著發燒。假如不是太嚴重，只要請醫師開口服藥即可，破皮稍微復原後就可以繼續餵寶寶，畢竟讓寶寶吸奶是最好的疏通方式。請放心，乳腺炎不會感染乳汁，醫師開的口服藥也不會對寶寶有影響。

寶寶偏愛一邊乳房

寶寶有時候偏愛一邊乳房，可能是因為媽媽兩邊分泌乳量不同，一邊吸起來比較不費力；也有可能是姿勢的問題，用某一邊乳房哺乳時，寶寶吸奶會比較順。

如果妳的寶寶總是偏愛某一邊，建議還是要花點時間調整姿勢，讓寶寶輪流吸吮兩邊乳房，不但有助於平均兩邊泌乳量，也能讓雙邊的乳腺更暢通。

媽媽餵到睡著／寶寶吃到睡著

帶小孩是一項耐力賽，很多時候媽媽餵奶時累到不支倒地，醒來時寶寶居然還掛在奶上；或者寶寶經常吸奶到睡著，讓身上掛著嬰兒的媽媽騎虎難下、動彈不得。

其實媽媽們餵到睡著是人之常情，沒什麼大不了，趁著餵奶時補個眠也算相當有效率的事，只要注意安全問題，床上盡量不要有太多棉被、枕頭，以免悶到寶寶。

至於寶寶吃到睡著，更是屢見不鮮，畢竟肚飽眼皮鬆，不管大人或小孩都可能吃飽就想睡。這時候，身為親餵媽媽，當然可以趁著寶寶睡著嘴巴鬆開時，偷偷把他放回床上，放心！其實寶寶沒那麼容易驚醒，儘速學會金蟬脫殼這一招，妳便離自由又更近了一步。

寶寶一夜數醒要吃奶

有些孩子生來不是吃貨，喝奶時不認真，但很容易1小時後就又餓了，就連整個晚上都會常常醒來討奶。該不該配合寶寶，

並沒有標準答案，端看媽媽的心態。例如有些堅持全親餵的媽媽就是認命起床哺乳，而某些已經回職場的母奶媽媽就不一定會全力配合，通常會適時搭配配方奶，讓寶寶晚上撐久一點不會醒來太多次。

其實孩子什麼時候能睡過夜，本來就很難有定論，到了 2 歲還沒戒夜奶的孩子多的是呢，主要還是看媽媽的想法與態度。我們見過不少媽媽常抱怨寶寶愛討奶，嘴角卻有藏不住的笑意，既然樂在其中，繼續下去也無妨。但若妳真心希望寶寶戒夜奶，就要能夠狠下心拒絕他，伸手拍拍他或給玩具，都是可以嘗試的安撫方式。

乳頭混淆

乳頭混淆是許多媽媽避之唯恐不及的課題，這是指寶寶在接觸奶嘴後，無法分辨吸吮乳頭與奶嘴方式的差異，導致不知道該如何、或者不願意再乖乖吸吮媽媽乳頭。

至於為什麼會造成乳頭混淆呢？首先我們要記得一點：人性本惡，好逸惡勞。

因為親餵時，寶寶的嘴巴必須張得很大，加上乳孔細細的，寶寶得用點力才能吸到乳汁；對寶寶來說，吸奶瓶的奶嘴省力多了，只要輕輕吸，奶就會自然而然流進口中。既然有不費力的選擇，寶寶當然很可能會再懶得用盡全力吸吮媽媽乳頭。

常常聽到有媽媽想給哭鬧不休的寶寶吃安撫奶嘴時，常會被旁人恐嚇「小心乳頭混淆！」但我想說的是，還是放自己一馬吧，其實乳頭混淆沒有這麼嚴重。絕大部份小孩沒有那麼挑嘴，多試

幾次寶寶就會就範，久而久之他知道如何吸到奶，就不會堅持拒絕媽媽的親餵了。

公共場合哺乳

哺乳是一件再自然不過的事，即使在公共場合哺乳，其實就像妳坐在餐廳吃飯一樣自然。不過，雖說很多媽媽自稱生過小孩，就不再像少女臉皮這麼薄，只是目前台灣的風氣還是比較保守一點點，公共場合哺乳可能會招來一些特別眼光，讓媽媽們覺得困擾又心裡不舒服。

除了好好運用公共場合的哺乳室（雖然數量絕對不可能完全足夠），最簡單的方式就是隨身帶一條哺乳巾，一攤開就可以變成寶寶專屬的哺乳室，還能防止旁邊歐吉桑盯著妳的胸部看，甚至冷氣太強還能充當披巾禦寒，一巾多用，建議親餵媽媽都該來一條！

取名任務

　　早在懷孕時，很多爸媽就會幫寶寶取好小名或綽號，但是全名倒是出生後苦惱很久還不知道怎麼取。也是啦，畢竟對有些人來說，取名字還得配合生辰八字、爸媽生肖，最好還能擁有好的命格……說起來真是一樁困難的任務。

　　就我的經驗裡，替寶寶取名大致分為三派。

　　一是托負重任派，名字看起來可能普普通通，實際上暗藏玄機，重金禮聘命理老師指點，肩負著未來大富大貴、平安喜樂、連任總統、民族偉人的將來；二是指定專字派，有些爸媽特別喜歡某個字，這時如何找來適合搭配的字就很重要，有些媽媽甚至把康熙字典當睡前讀物在看，聯考都沒這麼認真；三是自然隨性派，爸媽想了幾個順耳喜歡的名字，交給周遭親友投票（雖然最後定案往往跟投票結果無關，而是跟爸媽喜好有關）。

　　不管是哪種方式，我相信所有爸媽都是挖空心思替寶寶取名，因為一個名字就代表了一個人，你們給予寶寶什麼名字，無非就是希望他成為什麼樣的人。

　　老實說，取名這件事，倘若只有爸媽在煩惱倒還單純，如果

長輩希望介入，可能就比較容易有歧異。尤其接近報戶口或餽贈彌月禮時，寶寶名字若還無法定案，就會讓爸媽更加焦慮。

雖然我對於命理八字、紫微斗數、命盤塔羅沒有太多研究，無法告訴妳該如何替寶寶取名。但憑藉著我個人專業，我想送給全天下爸媽一個最中肯也最實用的建議：不要取太難、太拗口的名字。

這建議聽起來很廢嗎？但仔細想想，很實在呀！用太難的字，小孩開始學寫字時會恨妳；太特別的名字，讓他很容易被老師記住，他的童年可能會比較坎坷。我這個建議，可是為了孩子童年幸福及大家的親子關係著想啊！

我曾聽過有些爸媽為了取名與長輩不開心，老實說，名字固然重要，但它終究只是一個「代號」。妳想怎麼稱呼寶寶，其實根本不會被這個「代號」限制。再說，也不是包大紅包取了一個名字，就能保證孩子將來飛黃騰達，最重要的，反而是爸媽灌注在這名字裡頭的祝福與愛護，那才是孩子一生珍貴的禮物呀！

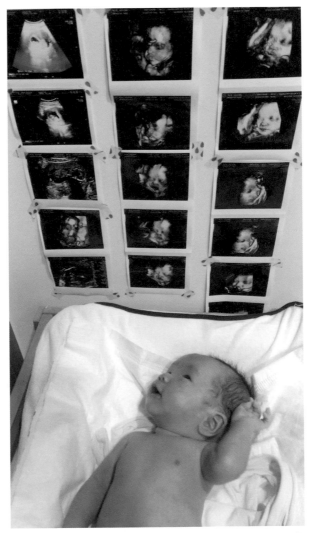

♥ 看著孩子從照片裡變到照片外，展開了日復一日的餵奶、換尿布、洗澡和一輩子的牽掛，這，就是母親。
圖／鄭嘉蕙

淡定林:「這位媽媽,我覺得妳氣質特別好,別床產後都在睡覺、擠奶、
　　　　打手遊,或是不停的崩潰中,我來看妳兩次,妳卻都這麼有
　　　　氣質的在看書!與眾不同呀!」

焦慮婦:「沒有啦!林醫師你誤會了!我要幫我孩子取名字,太苦惱
　　　　了!」

(瞬間秀出書名《嬰兒命名就看這一本》)

淡定林:「……」

產後憂鬱不要來

　　不知道各位準媽媽或備孕中的妳，對於孩子出生後有哪些美好想像？但妳可能沒想過，很多產婦才剛感受到寶寶誕生的喜悅，產後憂鬱就立刻找上門。「產後憂鬱」聽起來很遙遠，但我都說產後＝慘後，很多產婦其實都有過鬱卒心情，憂鬱症量表的確能客觀判斷妳的狀況，但我想先告訴妳憂鬱形成的原因，讓妳先做好心理建設，減少憂鬱的可能。

　　實際上，多數產婦情緒低落的狀況是 postpartum blue，這種 blue 的感覺就像放完連假隔天要上班的鬱卒感，不算太嚴重，大概 1-2 週後就會緩解；但如果憂鬱感持續了 1 個月以上，並且出現失眠、對任何事都提不起勁、暴飲暴食、常常想哭，甚至對孩子有敵意等症狀，就很可能是真的「產後憂鬱」（postpartum depression），建議立刻就醫，尋求專業協助。

　　產後憂鬱可以分為生理及心理層面。就生理而言，產前的雌激素會特別高，產後快速往下掉，這是科學上可能造成憂鬱的原因。體內荷爾蒙的變化已經夠折磨人了，生產過後又會讓身體時常伴隨著胯下痛、痔瘡導致肛門痛等各種生理上的疼痛，這些痛妳從來沒有想像過，也沒人告訴妳；甚至有些人生完發現自己年

紀輕輕就會漏尿……種種生理上的變化，來得很突然，就算睫毛
接得很完美、氣色還不錯，也用了無他相機拍出人人稱讚的氣色
超好網美照，但終究回歸現實，妳還是得接受自己的身體在產後
的各種改變。

　　如果卸了貨可以少 5 公斤，那再痛還有點安慰，偏偏有些人
生了孩子、出血、羊水也流光了，體重還是文風不動，真的只有
崩潰兩字可以形容。其實人體的空間比妳想像更大，一個外科手
術下來，妳身體的蓄積體液容量可多達體重的 20%，相當於一個
70 公斤的人體內可以蓄積 10 公升以上的體液。舉例來說，生產
時打了點滴，妳還沒流汗、哺乳、排泄，也沒出血，這些液體當
然只能先留在妳體內，讓妳心中無限吶喊：「喔天啊！我生完沒
瘦還更胖！」如果此時還有自以為幽默的人在旁邊說「生完怎麼
肚子還這麼大？」，理智一秒斷線都不意外。

　　不過，生產後體重增加往往是暫時的，不用沈浸在悲傷裡太
久，因為，接下來還有更多令妳崩潰的事。

　　就心理上來說，當寶寶一出生，所有人的目光都在寶寶身上，
孕期備受呵護的妳，產後可能瞬間變成冷宮怨婦。全身痛、餵奶
又不順利、老公一回來不是問妳吃飽沒，而是先衝去抱寶寶，妳
都忍不住懷疑難道自己只是個生產的工具人，空虛寂寞覺得冷都
還不足以形容妳的失落感。

　　我看過很多產前做足準備的媽媽，產後憂鬱更明顯。因為她
們可能已經想好要怎麼照顧寶寶、怎麼餵奶、要給寶寶穿什麼衣
服……偏偏生產後有太多無法掌控的突發狀況，身邊生過孩子的

女性同胞一人給妳一種育兒建議，聽得心很累，又覺得沒有什麼是自己能控制的，心情自然而然更惡劣。

說了這麼多，聽起來好像恐嚇，其實是在幫妳打預防針，希望所有媽媽們對於產後的狀況不要有太多預設立場。畢竟我看過很多人產前超樂觀，對於未來充滿美好想像，期望越大失落越大，產後憂鬱更嚴重。其實人生不如意十之八九，在這種時候才更要保持樂觀，學著轉念，去吃個麥當勞就沒事啦。

除此之外，雖然有了孩子最辛苦的是媽媽，隊友看似沒什麼作用（咦？），但他們的情緒也需要多加關心。仔細想想，懷孕期間，其實隊友只要把妳照顧好即可，可是寶寶一旦出生，隊友要面對的可是兩個不熟悉的人啊！一個是憂鬱的老婆，一個是還不是很熟悉的孩子。

而且身為爸爸，他每晚也可能會因為寶寶而睡眠不足，隔天上班被老闆主管罵之外，又要擔心奶粉錢賺得不夠多、擔心孩子怎麼有點神似隔壁老王（愛開玩笑），每天壓力都好大。尤其大家理所當然會比較關心產婦情緒，卻沒什麼人在乎爸爸的心情，更別說他也會覺得妳所有注意力都在孩子身上。所以爸爸其實也會有產後憂鬱的。

孩子是夫妻共同的責任，除了兩個人要好好溝通、分配養育工作之外，你們倆也應該彼此照顧情緒，偶爾找幫手顧小孩，夫妻倆一起吃個飯放鬆一下，才能繼續並肩作戰，一起面對往後的硬仗！

憂鬱婦：「林醫師，我覺得我有點產後憂鬱，生完後跟我想的都不一樣，
　　　　　小孩好煩哦，一直哭，一點都不可愛！」

林醫師：「不要這樣想啦！妳老公比妳還慘……」

憂鬱婦：「怎麼說？」

林醫師：「他除了有一個一直哭一點都不可愛的孩子之外，還有一個憂
　　　　　鬱跟以前不一樣的老婆……」

憂鬱婦：「……這麼說還真有點道理！」

思宏的 OS：

其實育兒沒有標準答案放輕鬆怎麼養都好，不要永遠 focus 在孩子身上要有
自己的生活，而且，隊友永遠是妳的依靠，不要吝惜跟隊友分享心情。

PART 3

第 7-30 天

坐月子——
當爸媽之後才開始學習當爸媽

戰鬥力
指數

出生 7-30 天的新生兒
發展觀察與照護重點

　　通常入住月子中心的媽媽，在寶寶出生到滿月前這段期間都有護理人員協助照顧新生兒，一般來說，她們會盡量讓寶寶定時定量喝奶，並建立一定的睡眠規律性。如果妳是在家裡坐月子，要立刻學著獨力照顧寶寶，也不用太過焦慮，寶寶尚未滿月這段期間同樣可以參考出生 1-7 天的新生兒照護重點（參考 P.69-74），並把握以下幾件事情，相信大家都能很快上手！

　　還沒滿月的寶寶，一天的睡眠時間很長，平均 16-18 小時都在睡，通常滿月之後醒來的時間才會拉長一點，跟爸媽的互動會越來越多。雖然尚未滿月的寶寶需要比較多睡眠，但也不能讓他一直睡、想睡就睡。怎麼說呢？因為很多媽媽會發現新生兒常常只喝了兩口奶就睡著，睡了 1 小時後又哭，作息混亂搞得媽媽很慌張，每天都 24 小時待命，就為了寶寶不知道何時醒來要討奶。

　　為了避免這樣的狀況，照顧還沒滿月的寶寶，重點在於建立規律性。一般來說，親餵需 2-3 小時餵一次，瓶餵則是 4 小時餵一次，即使寶寶的睡臉像天使一樣安詳，請各位媽媽在拍照之餘，記得狠下心叫寶寶起床喝奶，可別以為寶寶是因為很舒服才一直

睡，其實太餓導致低血糖也會讓新生兒睡個不停。我們大人少吃一餐不會怎麼樣，但是新生兒還很小，少喝一餐奶，對於血糖與營養都有不良影響，到了該喝奶的時間，最好還是把寶寶叫醒。如果喝奶途中，寶寶又再度睡著，建議可以搔癢、拍拍他，盡量讓寶寶醒著喝完該喝的奶量。

而在寶寶該睡覺的時間，則可嘗試用包巾包著寶寶，讓他更有包覆感，會睡得更好。該吃的時候吃，該睡的時候睡，不僅對寶寶的作息有益，也能讓爸媽輕鬆一點，比較能掌握何時該餵奶，又可以利用哪些時間空檔做其他事情，而不是一整天精神緊繃。

陪還沒滿月的寶寶玩，可能會沒有太大成就感，因為這時候的寶寶往往不會有太多反應，頂多稍微張開眼睛。有很多媽媽說寶寶眼神渙散，擔心視力有問題，其實，這是因為寶寶的視力還很模糊，眼神當然還無法對焦，只能勉強看到距離 20 公分左右的模糊輪廓，眼神飄來飄去、或偶爾鬥雞眼都是正常的。如果發現寶寶有時會盯著天花板或某一處看，也請不要自己嚇自己，以為房子不乾淨，這是因為寶寶會容易看向光亮的地方，相當正常。我也曾遇過媽媽說自己的孩子常常翻白眼，其實不是寶寶在吐槽妳啦，而是他眼神渙散又愛東看西看，很容易被誤以為是翻白眼。

這個時期的孩子視力還未發展完全，同樣建議爸媽可以給寶寶看一些繪有簡易圖形的黑白圖卡，刺激眼睛神經發展，也多多跟他說話，念故事書給他聽，因為寶寶對妳的聲音會感到特別的熟悉，特別有安全感，能增加親子間的親密感，同時刺激寶寶聽力的發展。

　　這時期，在寶寶醒著的時候觀察他趴著的模樣，也是照護的重點之一。

　　剛出生時軟綿綿的寶寶，趴著的時候往往會整個人貼在床上，躺著時手腳的活動很生澀，像抖動又常伴隨著震顫；但接近滿月時，雙手、雙腿會變得比較有力，手會開始伸來伸去，腿也會開始踢來踢去，好像在踩腳踏車，趴著的時候頭會稍微抬起離開床，或者開始會懂得將頭換邊，這表示寶寶的脖子越來越有力。如果寶寶沒有這樣的反應，建議每天趁他空腹時讓他趴著（吃飽就趴著，寶寶應該會先吐奶），仔細觀察他的脖子有沒有出力讓頭慢慢抬起來。由於這時寶寶的脖子正在發育中，請不要認為一叫他名字，他就會迅速抬頭，只要他有點反應，基本上就不用擔心。除非已經滿月，寶寶還是整個頭貼著床，或是連聽到很大、很突然的聲音，都完全沒反應，就必須盡快向醫師反映，由專業醫師評估其他部位的肌肉，是否發展得比較慢，或是聽力有問題，需要再進一步檢查或是繼續追蹤。

　　滿月之後，寶寶也需要到醫院回診，這次回診的重點在於評估喝奶量、黃疸、體重、身長和頭圍，通常寶寶此時比剛出生胖了1公斤、長高5公分左右、頭圍長大約2.5公分。此外，也會檢查寶寶的神經發展，以及施打第二劑的B型肝炎疫苗。如果這段期間，照護上有任何疑慮或問題，建議新手爸媽們可以用紙筆記錄下來，回診時仔細詢問醫生，才不會一進診間就腦袋一片空白喔。

圖 / Cindy Kao

圖 / Candice Lo

從一個人的自在到空出雙手抱著你，當媽媽是這樣開始的。

新手爸媽上課啦！

　　雖然我常說，養小孩不要太焦慮，但有些基本課題，新手爸媽還是要盡快上手，照顧好寶寶，自己也會放下許多不必要的擔心。以下這些學習項目是新手爸媽必會技能，請務必盡快學會喔！

新生兒洗澡

　　一開始要幫新生兒洗澡，大家都有點緊張，畢竟寶寶還很軟，就怕一不小心沒抱好。寶寶剛出生時，脖子支撐頭部的能力還不足，所以幫寶寶洗澡時，最重要是記得扶住他的頭。有些兩光爸媽，洗到一半轉頭拿毛巾，一眨眼時間寶寶就滑進澡盆，差點嚇掉半條命，所以切記手不能離開寶寶的脖子，視線也不能離開他。現在市面上有嬰兒專用的月亮澡盆，能讓寶寶保持斜躺姿勢，比較不會一直往下滑，也可以考慮購入。

　　原則上，寶寶不一定需要每天洗澡，而且他們的皮膚很嫩，建議以 37 度左右的溫水清洗即可，假如妳擔心水溫太低或太高，初期也可先準備溫度計。由於這時的寶寶體溫調節還沒發展成熟，比較容易失溫，除了水溫要注意之外，可以在洗頭、洗臉結束後，再解開衣服洗身體。冬天天氣冷時，最好是開暖氣來保持浴室的溫暖，而不是用更燙的水溫，以免傷到寶寶的皮膚。

　　要先提醒新手爸媽的地方是，寶寶前 1、2 個月洗澡時，會一直崩潰大哭很正常，因為皮膚接觸到的環境改變，寶寶沒有安全感，自然反應比較大，可以溫柔地和寶寶說說話，安撫寶寶，一方面也安撫自己不要太慌張。一出生就微笑享受泡澡的，大概 1 千個寶寶只有 1 個。我見過有些爸媽，第一次幫寶寶洗澡後，心靈受到創傷，一方面以為自己弄痛寶寶而玻璃心碎滿地，一方面又怕寶寶扭來扭去會重心不穩而慌張。所以建議在還不熟悉洗澡流程時，爸媽可以兩個人一起替新生兒洗澡，如果一時忘了東西，還有人幫你拿，也可以協助替寶寶穿脫衣服；同時也有人在旁邊充當心靈支柱，否則一洗澡就看到寶寶崩潰大哭，就怕有些比較敏感的媽媽也跟著哭。

正確抱寶寶

　　在抱軟綿綿的新生兒時，要特別注意背部及頭部的支撐，如果是橫抱小孩，就讓他的頭和身體枕在手上，或者也可採用讓寶寶趴在爸媽肩頭的方式，都是很適合新生兒的抱法。至於飛高高的那種抱法，還是等到脖子支撐力足夠再玩吧。

　　抱寶寶最大的重點就是讓呼吸道暢通，可以注意一下寶寶的脖子會不會太向後仰或向前傾，避免壓迫到呼吸道。至於寶寶會不會被抱得不舒服呢？最簡單的方式就是觀察他的反應，如果一下子就睡著了，就代表被抱得很舒服囉。

換尿布

　　換尿布是門學問，寶寶肚子上有勒痕，就得調鬆一點，可是

太鬆，屎又會從胯下滲出來。做人很難，換尿布更難，請各位爸媽自行斟酌寶寶尿布的鬆緊度。沒有什麼太大訣竅，就是快、狠、準，否則下場就是被屎尿噴了一身。尿布的選擇其實很多，每個寶寶對不同廠牌的尿布適應力也都不同，其實差別不大，重點其實是在於要勤換尿布，有些媽媽發現寶寶紅屁股，以為是寶寶對這個廠牌的尿布不適應，其實是時間拖太久沒換所造成。

拍嗝

拍嗝當然也是月子中必學的項目之一（參考 P.101-102）。這件事情學起來並不難，只是我們最常發現的狀況是爸媽下手太輕，導致寶寶體內的空氣還是排不出來。只要固定好寶寶的頸部，其實不用害怕寶寶會痛，可以稍微拍出一點聲音，重點是讓寶寶身體產生震動，或者是非常輕微、慢速的像畫圓一樣的搖晃寶寶，也比較容易將空氣排出來。

讓新生兒睡得更安穩

怎麼帶出好睡的寶寶，坦白說真的很看運氣，因為有些小孩天生對光亮或聲音非常敏感，有些則是再吵都可以睡得跟豬一樣。但吃飽、尿布乾爽、室溫適中不要太高，都是讓寶寶睡好的首要條件。建議在寶寶出生 1 個月內，睡覺時可用包巾包著，包覆的感覺會讓寶寶覺得有安全感。當寶寶哭鬧時，播放一些白噪音也有不錯的效果，或者是抱著他走一走，也都能讓寶寶睡得更好。

在寶寶滿 1 歲前，最好還是平躺著睡，不建議趴睡，因為容易悶到鼻子，很容易發生危險。除非等到滿 4、5 個月後，寶寶

開始會翻身，自己翻成趴著睡就沒關係，那時發育較成熟，即使悶到也會自己轉邊。如果爸媽很在意頭型，可以讓寶寶保持平躺，頭往左右側，這樣也是沒有問題的。

盡早參與雙親課程

除了月子中心之外，現在許多機構也提供各種雙親教室的課程，我建議生產前就可以試著去了解及學習。最好爸爸也都能一起參加，兩個人可以互相討論該怎麼一起照顧寶寶，會讓爸爸比較有參與感，而不只是個行動 ATM 的角色。

尤其大家嘴上都會說，小孩出生，爸媽就得分工合作。但分工的前提是兩個人都會啊！所以希望眾隊友們不要口頭上說想替老婆分擔，卻連換尿布都不會，否則真的很容易讓媽媽起殺機。

另一個要提醒妳的是，既然決定分工，就不要緊迫盯人。不要因為自己做了很多功課，就指責對方做得不夠好、方法不對，到最後乾脆搶來自己做，那請問當初的分工是為了什麼？老公不是家裡的長工，是妳的隊友，記得用鼓勵代替責罵，肯定他的價值，相信他照顧寶寶也會越來越上手。

話是這麼說，但我想妳還是有時會氣到一肚子火（荷爾蒙作崇自己都不知道為什麼），覺得不罵不快，可是罵了又讓氣氛更惡劣怎麼辦？沒關係，還記得心靈待產包要大家準備的小紙條嗎（參考 P.28-29）？別忘了將它們貼在最顯眼的地方，當妳氣到快腦充血時看一眼，安慰自己這沒什麼大不了，牙一咬，整個家又海闊天空啦！

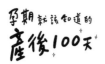

月子中心還是月嫂？
坐月子應該要多久？

　　由於懷孕時整個子宮被寶寶撐大，體內臟器也移位，歷經生產之後，身體需要約 42 天，也就是 6 週的復舊期，讓身體回到懷孕前的狀態。華人傳統中，生產後需要坐月子，其實就是讓身體在復舊期中可以好好休息。

　　不過月子究竟該坐幾天？每個人身體狀況不同，沒有標準答案，只要妳覺得身體已經恢復，那就沒有太大問題。平均來說，坐月子需要 30 天的時間，有的人習慣拉長到 45 天，這都很常見，但與其焦慮該坐幾天月子，不如先想想該怎麼坐月子。譬如如何選擇月子中心和月嫂就是門學問，因為每個人個性、心態不同，沒有單一答案。

　　首先當然就是價錢考量，現在有越來越多高級的月子中心，裝潢可比高級飯店，去月子中心好像成為一種趨勢。但我想說的是，不要為了去月子中心而去，更不要迷信高價，自己要多多搜尋評價或問問親朋好友去住過的感受。

　　如何選擇月子中心，最重要的是膳食及護病比。如果坐個月子，連伙食都不合妳胃口，吃不下怎麼補充營養？所以建議產前

可以到現場試吃月子餐,也可以順便參觀環境是否符合需求。政府合法立案當然是基本必備條件,也要觀察一下護病比例是否至少1:5?是保姆多還是護理人員多?才不會空有一屋好裝潢,住進去才發現護理人員太少,沒辦法提供妳需要的協助。

另外一個要考量的是地理位置,要嘛離家近,要嘛離老公公司近,他下了班可以直接過來陪妳,一起學著照顧寶寶。如果妳是生二寶,也可以詢問大寶能否進月子中心的房間。這是個難得經驗,在月子中心還有護理人員協助下,妳沒那麼手忙腳亂,能夠趁這機會來場生命教育,讓大寶體會一個小生命從出生到一天天長大的過程。當然前提是,最好有人可以把大寶接回家過夜,否則搞不好妳會被大寶吵得無法休息,反而喪失了住在月子中心可以好好休息的意義。

住月子中心還是請月嫂照顧,最重要的是尊重產婦的選擇,我也相信大部分的爸媽也很認真做功課,想在哪裡坐月子早已心裡有數,而我想提醒大家的是關於心態的部分。

雖然現在月子中心一間比一間豪華,但切記住月子中心終究不是高級飯店,而是一個協助妳產後恢復,以及教妳如何照顧孩子的地方,如果妳將它當做高級飯店,肯定會對所有的月子中心感到失望。

月子中心雖然提供房間、護理人員、餐食,甚至特殊中藥的調理,還有一些照顧新生兒的課程等等,但它本質上仍是護理醫療機構,護理人員忙著照顧寶寶及眾多產婦,往往無法隨 call 隨到,產婦還是要有將心比心,自己學著動手的認知,不是只期望

護理人員每次都能立刻出現為妳解決各種疑難雜症喔。

　　況且，月子中心雖然舒服，卻不能待一輩子，最終妳還是要回家面對現實。如果在月子中心擺爛得太徹底，一回到家妳會覺得從天堂直落第十八層地獄。所以我建議，在出月子中心的前1、2週，就要開始增加母嬰同室的時間，趁著還有護理人員協助時，慢慢適應跟寶寶獨處的狀態，有助於往後照顧寶寶更上手。

　　如果妳是不習慣住外面的媽媽，則很適合叫月子餐或找月嫂。但要注意的是，目前月嫂的素質良莠不齊，即使經過面談，同時確認了俱有合格執照，妳也很難確保到時候她真的能讓妳滿意，甚至也會有訂好的月嫂突然不能來，臨時找其他月嫂來代班的突發狀況。

　　而且月子中心是統包式的概念，月嫂可就不一定，妳必須先跟她協調好工作項目及費用，避免產生不必要的誤會及怨懟。總的來說，如果妳是個不怕生、不太介意家裡多了個陌生人的媽媽，請月嫂也是個可以考慮的選項。重點是妳要勇於表達，能夠大方的跟月嫂溝通，才能在最短時間磨合出讓妳最自在、舒服的坐月子方式。

　　然而，不管是住月子中心或請月嫂，有時即使做了萬全功課，未必能盡如人意。我的建議是，如果妳跟月子中心的護理人員理念不和，就當機立斷離開吧，這不是誰錯誰對的問題，而是一個地方妳待了不舒服，又怎能好好休息？如果月嫂讓妳更「阿雜」，也請儘速換人，不要悶在心裡憋了一肚子氣，好像花錢找罪受。

　　妳發現重點了嗎？月子在坐，備案要有。不是找好了月子中心或月嫂就高枕無憂，妳必須考慮，萬一到時候沒想像中順利，有沒有幫手來協助妳度過找到下一個方案前的銜接期？

　　除了月子中心跟月嫂，如果長輩或隊友有體力、有意願，其實也是個不錯的選擇。我曾看過有先生直接請了 1 個月的假，親自幫老婆坐月子，夫妻倆一起學習照顧新生兒，一起手忙腳亂也互相扶持，不也是很棒的回憶嗎？

診 間 對 話

秒忘媽：「林醫師，那個……」

林醫師：「嗯，哪個？？？」

秒忘媽：「啊？？我忘了我要問什麼……」

林醫師：「……沒關係，生完就會想起來了……」

思宏的 OS：

其實這種對話每天都在我的診間出現，生完就會想起來才怪，通常月子都坐完了還是想不起來呀。

坐月子的各種飲食和迷思禁忌

也不知道為什麼，都到了 AI 快取代人工的現代社會，一碰到懷孕或坐月子，還是不少人對各種古老的禁忌、迷思深信不疑。稱為「禁忌」或「迷思」或許不太公平，因為這些是過去時空環境下的產物，只是已經不符合現代社會，以下舉例幾個月子中的迷思與禁忌的形成原因和破解方法，或許能讓妳的月子期間更自在！

不能洗頭、洗澡？

早年還沒有自來水時，要洗頭必須打井水或河水，吹風機又不普及，頂著一頭濕淋淋的頭髮吹風，讓產後的媽媽們很容易感冒。但現在誰家沒有熱水器、吹風機？浴室甚至都有加裝暖風設備，只要洗完頭趕緊吹乾，不要受涼，坐月子期間當然可以洗頭，頂著一顆油頭，身體並不會比較舒服，所以放心洗頭洗澡吧！

當然，如果妳本身不愛洗頭、洗澡，想藉此挑戰一個月不洗，也祝妳挑戰成功！

不能喝水？

坐月子期間只能喝米酒水，不能喝開水？這也是源自於早年

自來水不普及、衛生條件不好時的迷思。當時想喝水得用鍋爐燒，有些產婦怕麻煩，乾脆直接喝生水，但對於產後相對較虛弱的產婦來說，生水中的細菌量可能會造成感染，而酒精因為有稍微殺菌的功能，所以早期才會將米酒煮成米酒水讓產婦飲用。

雖然現在台灣還沒達到一開水龍頭就可以喝的條件，但至少煮水、買礦泉水、氣泡水都相當容易方便，根本不需要特地禁止飲水。再說，產後發奶非常需要湯湯水水，不多補充水分怎麼行？

不能外出，只能躺著？

坐月子不是坐牢，當然可以外出，出外透透氣，散散步，有助於放鬆心情，才能達到「休息」的目的。

至於只能躺在床上，這就更荒謬了，生產不是生病，更不是重傷，躺著不動，絕對不是有助於修護身體的方式。相反的，適度運動才能夠讓體力恢復身體更健康，當然也有助於恢復體態。

自然產一定要纏束腹帶？

很多人以為生產後纏束腹帶，就可以讓肚子趕快變小、臟器歸位，其實束腹帶或塑身衣沒有那麼神。生產後，肚皮還沒有完全收縮回懷孕前的狀態，子宮會在身體裡面「晃來晃去」，其實束腹帶或塑身衣的作用只是減少子宮晃動，當然更無法有預防子宮下垂的功能。

生產後，身體需要 42 天左右的復舊期，基本上過了這段期間，臟器就會自動逐漸歸位。如果希望子宮盡快收縮，妳該做的不是綁束腹帶，而是在產後 1 週內多按摩子宮，或者多哺乳也對

子宮收縮有很大的幫助。

相較於束腹帶，骨盆帶的實際效用可能還比較大。因為生產時身體會分泌鬆弛素，為了有利於生產會使得骨盆間的關節變得比較開，再加上生產時寶寶的擠壓，所以有些媽媽生完小孩，屁股的確會變得比較大，用骨盆帶則有助於骨盆關節歸位。

不能吃鹽？

第一次聽到月子期間不能吃鹽巴，當場「？？？」黑人問號。原來有說法是不吃鹽，有助於消水腫，但在我看來，這似乎是倒果為因。因為懷孕時血液循環增加 25%-30%，這些增加的血液主要蓄積位置在子宮，所以生產時子宮大幅收縮，就像一塊海綿被擰乾，這些血液全部被灌回到身體裡，但血管不可能變成 1.25 倍粗，於是多餘的血液與水分就會被擠到周邊組織去，所以剛生完1、2 天，很可能比生產前更腫。

假如妳生產順利沒有大出血，都在室內吹冷氣也很難有機會大量流汗，擠奶也還沒有很順利量不多，小便的次數也都不算太多，這些水分短時間內就都會堆積在妳體內，之後透過流汗、排泄、擠奶，水分才會慢慢被排掉，身體逐漸消腫，其實這是正常的生理過程，跟不吃鹽巴沒有絕對的關聯。

當然這也不是代表炸物、手搖飲等高鹽高糖高油都來者不拒，月子餐最好還是把握低油、低鹽、高蛋白的原則，至於不加鹽，那實在太不人道了，到底怎麼吃得下去啊！

經過這一番解釋，相信妳對這些迷思及禁忌有了新的看法。

基本上，如果妳問月子期間有哪些不能做？哪些不能吃？我的答案是，都可以吃、都可以做。唯一的禁忌，就是酒精，尤其是哺乳媽媽，畢竟醫學已經證實，酒精對寶寶的腦部發育會造成影響。偏偏華人傳統的月子料理，少不了全酒補品，我的建議是，如果妳相信科學，最好能免則免，盡量與長輩溝通，為了寶寶好，適當的表達想法絕對是必要的；如果真的很想吃麻油雞，或是真的有攝取到含酒精的補品，當餐 4 小時後把奶擠掉，不要餵給寶寶喝，畢竟我們無法知道懷中的寶寶是千杯不醉，還是一杯就醉，謹慎小心一點總是比較安心。

月子中真正應該重視的事

　　屏除坐月子的迷思和禁忌，坐月子的最大目的是讓產婦好好休息、補充營養，讓身體及體力儘速恢復，但不代表這期間只要像臥佛一樣躺著就好，因為坐月子結束後，對妳的身心而言都會是個新階段，寶寶也有可能因為飲食、作息的改變，而產生抵抗、哭鬧的狀況，在月子期間做好心理準備，學習照顧自己、照顧寶寶，才是真正重要的事。

　　妳可能會聽很多人說，月子坐得好，往後體質會變得更好，比較不怕冷，甚至經痛也減輕許多。按照這個邏輯來看，我覺得很有可能是，妳本來的身體狀況太差，但懷孕會讓妳有意識的攝取更多營養，才有足夠的體力與能量應付生產。正因為懷孕、月子期間，女性本來就會比較注意營養及各種營養補充品的攝取，順勢讓身體變得更好，這跟坐月子期間有沒有洗頭、乖乖躺著不下床等等，其實沒有太大關係。

　　不過有很多女性懷孕期間有吃營養補充品的習慣，生產完卻不再吃了。其實，吃得健康，並且適時補充營養補充品，不只為了寶寶，對妳來說也很重要，所以，不只是月子期間該繼續這樣做，往後的日子，妳也應該視自己的需求持續攝取營養補充品。

另外，很多人會問坐月子該怎麼吃，坊間的坐月子調理飲食百百種，相信妳會找到喜歡的方式，但除了飲食之外，大家都忽略了另一件同等重要的事：運動。

我常說，懷孕不是生病，平時一變胖妳就想多運動減肥，懷孕時妳也會為了能順產或維持體力而開始運動，而生產後更應該持之以恆的維持運動習慣，不僅可以加速產後復原，也有助於產後瘦身、維持身體健康。

尤其坐月子時，各式進補樣樣來，如果沒有適當的消耗，熱量容易囤積更難瘦。運動不只能幫助消耗熱量，最大的意義在於讓身體更有效利用妳吃下去的食物。

懷孕期間，也許妳只敢進行一些局部伸展或強度較輕的運動，但自然產約 2 週後、剖腹產約 2-4 週後，就可以進行大部分的運動，包含鍛鍊核心肌群、腹部用力仰臥起坐等動作都沒問題。

運動可能會引起子宮收縮導致惡露量增加，所以有些人運動結束後會排血塊，這個是正常的生理反應，反而對身體有益，不需要太過擔心。除非惡露持續超過產後 6 週到 2 個月，就有需要回診，很可能是子宮內還殘留著胎盤、胎膜或血塊，才會造成長期出血。

我相信好好照顧自己之後，媽媽們對於學習如何幫新生兒換尿布、餵奶、洗奶瓶、洗澡等基本事項，絕對是會漸入佳境的。重點就在於妳要在這段期間內培養自己的照護能力，並且規劃坐月子之後的哺乳時程，進而再去思考將來要用什麼育兒方式，以

及未來的人生規劃。可以趁坐月子期間多多跟其他媽媽交流，有的產婦已經是二寶媽，經驗比較豐富，妳不僅可以請教育兒撇步，也可以分享工作及育兒之間時間的調配及心態的調整。祝福大家都能在月子期間「備戰」、「補血」成功，畢竟，往後還有好多場硬仗要打啊！

產台對話

筋疲力竭之後，產婦聽到孩子的哭聲感動的哭了！！

感動婦：「林醫師，我覺得孩子的哭聲是天籟。」

冷水林：「恭喜你！3天之後孩子的哭聲是天呀！！」

感動婦：「……」

思宏的 OS：

聽到哭聲就知道該起床餵奶了，莫忘初衷呀！

天啊！寶寶哭個不停！

世間事幾乎都是這樣，過猶不及都讓人苦惱。生產前擔心寶寶出生後不哭，呱呱墜地那一刻的哇哇大哭讓妳感動到痛哭流涕，3 天之後寶寶哭不停只會讓妳想撞牆。

當寶寶哭不停的時候，相信新手爸媽都很希望餵他吃翻譯蒟蒻，搞清楚他究竟為什麼要哭。

就生理上來說，寶寶哭的常見原因包括肚子餓、尿布濕了不舒服、便秘或拉肚子、太熱……，如果這些原因都排除了以後，寶寶還是哭不停，可以檢視一下寶寶的作息，因為有時作息變動，也會引起寶寶哭鬧不休。

現在有很多 app 可以記錄寶寶什麼時候吃飯、什麼時候睡覺，記錄下來的用意不是按表操課，也不用緊張兮兮睡了幾分幾秒都要記下來，而是為了爸媽方便回顧寶寶一天的作息。再者，如果是交給其他人照顧，透過記錄，新手爸媽也可以掌握寶寶習慣的作息狀況。等到滿 1、2 個月後，寶寶作息漸漸規律，爸媽就比較能掌握並迅速排除哭鬧的原因了。

除了生理原因，心理缺乏安全感也可能是寶寶哭不停的原因

之一，尤其是剛出月子中心的前1、2天。由於月子中心有固定的溼度、溫度和照顧規律性，到了另一個環境，寶寶需要重新適應，心理上會比較沒安全感。

常遇到有爸媽半夜3、4點來掛急診，說寶寶莫名一直哭，擔心是腸絞痛，但一進診間，寶寶又睡得十分安詳。其實，有些小孩睡醒就是要哭一下才甘願，假如所有生理原因都排除了，很可能寶寶只是需要安撫或抱抱；或者有的寶寶哭鬧純粹是口欲太強，這時運用一些輔助工具就很重要，例如安撫奶嘴就能起效用。如果隔壁王太太又恐嚇妳「小心寶寶乳頭混淆！」請妳暫時先當作沒聽到，放自己一馬吧！否則寶寶再哭鬧下去，妳也會崩潰到跟著一起哭。

寶寶一哭，不是非得立刻抱起來不可，運用一些聲音或音樂轉移注意力，也是一個好方法。常有懷二寶的孕婦帶著大寶來照超音波，大寶看到我就狂哭，這時我就會把二寶「撲通、撲通」的心跳聲放出來，這方法屢試不爽，大寶通常會立刻住嘴，仔細聽這突如其來的聲音。

有時候，爸媽使用一些科學邏輯無法解釋的方法也會有意想不到的效果，例如，有爸媽分享帶孩子去收驚後立刻變得不哭好睡，其實，只要別讓寶寶吃香灰、喝符水，嘗試收驚也並無不妥；還有網路上時常有人會分享一些特殊的個人育兒妙招，例如用特定方式抱，會讓寶寶瞬間不哭，我認為只要對寶寶沒有任何危險，都可以試試看，說不定有助於找到寶寶冷靜下來的開關。

　　不過，養小孩雖然不要窮緊張，而且寶寶哭聲聽久了或許會漸漸無感進而麻痺，但也不能神經太大條啊！曾經遇過新手爸媽問：「小孩哭到臉黑掉，該抱起來嗎？」小孩都哭到臉色發黑，當然要立刻抱起來。哭是一種吐氣動作，有些寶寶哭到歇斯底里會缺氧，就會導致臉色發黑；相對的，如果哭了 5-10 分鐘，臉色還紅潤的就沒有大礙。

　　雖然新手爸媽面對寶寶哭聲難免會很慌張，也會得很焦躁，想趕快處理，但只要排除所有原因，觀察半天至 1 天沒有其他異狀，就不要太擔心，也別因為寶寶狂哭而產生罪惡感，覺得自己沒辦法滿足他。因為對寶寶來說，哭是一種運動，他是一個生命個體，會哭、會鬧再正常不過，就算到了滿 4、5 個月大後，也會因為想睡又想玩而哭，這些原因很莫名其妙，但就是嬰兒的價值觀啊。學習接受「沒有原因就是一種原因」，就像妳會 Monday blue，寶寶也會心情不好，他又沒辦法傾訴，當然只能用哭來表達。畢竟，嬰兒如果受控就不是嬰兒了啦！

＼ 妳知道嗎？ ／

寶寶半夜哭，不全然是腸絞痛

很多爸媽半夜聽到寶寶哭，會直接懷疑是腸絞痛，其實這不是定論。腸絞痛通常發生在寶寶 6-8 週大期間，這時寶寶吃奶的量越來越多，但消化系統卻還不能完全適應，會發生類似腹脹的狀況，常常發生在半夜。

假如寶寶每到半夜 2、3 點就一直哭，各種安撫方式都試過了也沒用，建議直接就醫。假如確定身體構造沒問題、腹脹情形不嚴重、沒有便秘問題、喝奶狀況也正常，通常醫生會讓寶寶試吃一點益生菌，加上按摩肚子，就可以獲得改善。

原來，當了媽媽會變愛哭鬼

　　妳可能聽過一個說法：坐月子時不能哭，否則眼睛會壞掉。這說法真是太不人道了，生完孩子有很多事情值得大哭一場耶！哺乳不順、產後失落、體重不減反增、石頭奶又硬又脹、傷口痛又爆痔瘡、寶寶看起來食欲不振好心疼……旁人眼中無足輕重的小事，都有可能讓媽媽淚水潰堤。

　　這不是因為產婦生完孩子就變得比較玻璃心，而是因為懷孕時，體內的各種荷爾蒙增加，一旦生產後，這些荷爾蒙會快速下降，這劇烈的變化會影響到媽媽的情緒，變得比較敏感、脆弱。加上剛生完母愛大爆發，可能光是看到寶寶得抽血進行例行檢查就心疼得要命。

　　對一個女人來說，生產不只是多了個孩子，肩上的責任更重，身份也即將轉變。很多媽媽會擔心將來怎麼教寶寶，加上眼前哺乳不順利、寶寶哭鬧很難哄，如果這時旁人又在旁邊說風涼話，處於這種身心俱疲的狀態下，我想任誰都很難忍得住眼淚。

　　如果妳是神經比較大條，特別樂天的媽媽，那恭喜妳免去很多杞人憂天的煩惱。假如妳是比較敏感纖細，甚至產後個性大變的愛哭媽媽，也沒關係，因為「哭」本就是一種情感的宣洩，像

有人會用大吃大喝來排解壓力一樣，沒什麼大不了。只要哭完覺得舒坦多了，可以整理好心情再繼續下去，那麼哭吧。

但如果妳一直處於情緒低潮、低落的狀態，即使大哭一場之後也沒有好轉，就要注意是不是有產後憂鬱的傾向。哭，真的沒有關係，但妳必須知道，除了眼淚之外，自己的情緒有沒有其他的出口？還記得我交待過的嗎？產前就要準備 3 個人選，有妳愛的人、愛妳的人，以及懂妳的人。生產過後，妳可能很難完全避掉旁人的無心之言，或許也很難適應周遭的眼光全聚集在寶寶上而忽略了妳，但這 3 個人選，絕對是世界上最在乎妳的人。分享就是一種分擔，當妳覺得壓力很大快崩潰的時候，不妨跟這些人聊一聊，吐吐苦水也好，讓妳的情緒有其他的抒發管道。

然後，最重要的是，哭完、發洩之後，要為自己的煩惱找尋解決之道。怎麼說呢？例如我看過很多媽媽，低頭看見自己鬆垮垮的肚子，還有回不去的蝴蝶袖，往往忍不住大哭。但是哭出來的是眼淚，不是脂肪呀，想解決這個讓人想哭的原因，合理的作法就是多運動。當然，現在的醫療非常進步，借助醫學美容的方法可以加速讓妳回復產前的體態，舉凡妊娠紋、蝴蝶袖、小腹、肚皮不緊實、皮膚色素沉澱……都有辦法請專業的醫學美容醫師幫您解決，所以千萬不要自怨自艾回不去，找對方法就有辦法解決，先改變自己的心態，樂觀看待整個產後恢復的過程吧！

一時的情緒，人人都會有，但是感性過後，對現實生活還是要理性以對，有煩惱、有困難請和隊友、和愛妳的人一起想辦法面對解決！

圖 / Moody Wu

第三個月
漸漸容起的肚腩

第八個月
財財準備中

阿財

圖 / Fion Shuang

寶寶，這是你長大出生的過程呢！

妊娠紋，有沒有關係？

「慘後」的產物——妊娠紋的形成原因，一是因為懷孕期間體重增加過快，造成皮下有彈性的結締組織斷裂，二是皮膚缺水乾燥，通常出現在承受最大重量、肚子最繃的下半部。有些孕期胖較多的媽媽，在大腿等部位也會出現類似妊娠紋的紋路，其實這是因為，妊娠紋跟生長紋、肥胖紋形成的概念類似，於是，哪個部位胖得多，哪裡就有可能出現紋路囉。

想改善妊娠紋，最好的方式就是別讓它出現，看起來真是廢話對吧，因為會不會長妊娠紋，真的端看個人體質。有些人可能孕期沒有特別保養，也不會產生紋路；有些人則沒有這種好運氣，那麼建議可透過多運動促進血液循環、增強皮膚彈性；或者多喝水，並使用富含維他命 C 或 E 的妊娠霜按摩，都能降低妊娠紋的生成。

近來吹起一股風潮，許多女星不吝展現生產後有點鬆垮、妊娠紋滿佈的肚皮，甚至還有女星說，妊娠紋是榮譽勳章；還有一系列關於產後身體的攝影專題，展現出媽媽的堅強與美麗。這樣的宣示與自信，我很欣賞也很肯定，也絕對贊成「美」不是單一的，「美」有很多種樣態，但當媒體大肆報導妊娠紋是美麗的母

愛標誌時，很少人會想到，這些紋路讓許多媽媽們，在日常生活中一點一滴失去信心。站在醫生的角度，我一直都覺得「開心」是最重要的。我希望大家不但懷孕時當個百無禁忌的快樂孕婦，孩子出生後，也能繼續當個開心又充滿自信的媽媽。

所以如果妳仍無法接受自己肚皮上的紋路，對於妊娠紋耿耿於懷，總是看它不順眼，甚至因此不敢穿泳衣，經常影響到自己的心情和生活。我反倒覺得可以在適當時機進行醫美處理，讓妳未來的生活更開心、有自信。

這不是危言聳聽，也不是在幫醫美診所衝業績。為什麼這麼說呢？因為殘酷的事實是，妊娠紋不會消失，只會淡化，當妳每天低頭看著自己日復一日依舊鬆垮的肚皮和紋路，很可能逐漸失去自信。一旦失去自信，更難免會想東想西或者埋怨：為什麼臉書上那個辣媽生完比以前還瘦，而且肚皮緊實光滑又有馬甲線？是不是我不夠努力運動跟保養？為什麼我為了孩子失去那麼多，老公卻一點也不懂？

假如妳能夠與妊娠紋和平相處，覺得那是屬於妳的母愛勳章，那再好不過了。假如真的非常非常在意這些紋路，許多的醫學美容中心可以為每位產婦量身打造產後復原計畫，包括「子母線淡化」以及「妊娠紋改善」的課程。不管妳是自信接受妊娠紋是身體的一部分，或者想透過其他方式徹底與它道別，決定權都在妳手上，只要「開心」，只要妳能夠為自己下決定，我認為那就是最棒的心態了。

有一種產後的痛叫痔瘡

談到痔瘡,是很多產後媽媽心裡的痛,許多產婦生產之後都會跟我說:「生產都不會痛,可是生完好痛。而且,其實會陰部傷口沒什麼感覺,反而是痔瘡痛得要命,還會流血,坐立難安,只能側躺。好想哭!」

產後身材還沒恢復、擠奶不順,每天累得半死已經很難受了,肛門還跑出痔瘡來湊熱鬧,怎麼生個孩子一波未平一波又起,往往讓許多媽媽產後大崩潰。

或許也因為痔瘡是太多媽媽共同的痛,所以這個懷孕前覺得羞於啟齒的隱疾,生產後居然變得可以大喇喇與別人分享自己的痔瘡經驗。說實在,痔瘡沒那麼可怕,成年人多多少少都有痔瘡,沒察覺罷了。如果可以先多了解痔瘡及其成因,萬一妳發現自己也長了痔瘡,或許可以降低崩潰感喔!

究竟為什麼會長痔瘡?首先,我們從痔瘡的成因談起。痔瘡,其實就是肛門血管跟軟組織老化、脫垂之後造成的種種不適。基本上,肛門只要使用超過 15-18 年以上,就會有痔瘡產生。產生痔瘡後,往往會有下列症狀:

1. 癢:慢性濕疹,越洗越癢,洗不乾淨。

2. 異物感：常常覺得肛門在大便之後有東西跑出來，有種卡卡的感覺。

3. 出血：有時候出血甚至造成頭暈、頭痛，有種自己大病一場的錯覺。

4. 疼痛：有時甚至會痛到在地上打滾。

5. 不好看：其實也不痛不癢，但就是難看又不好清潔，造成生活上的困擾。

如果平常蔬果吃得少、大號時間不固定、腹瀉跟便秘交替，不斷衝擊肛門，或者蹲馬桶時滑手機滑到天荒地老，都很容易讓痔瘡呼之欲出。

當然，最無辜的就是孕婦了。由於懷孕時容易便秘，痔瘡血管又會跟著骨盆腔大量充血，加上腹壓增加導致靜脈曲張，血液循環變差，往往導致痔瘡跟著寶寶長大，生產時一用力，痔瘡也跟著寶寶滑了出來。

而且痔瘡可沒妳想的那麼單純，它又分為外痔跟內痔，肛門齒狀線外的稱為外痔，混合痔則是包含了內外痔兩種。內痔還可依情況不同分為 1、2、3、4 度，大家可以依照下面的敘述，判別一下自己的狀況：

1 度：在肛門內，無明顯症狀。

2 度：痔瘡脫出，但可以自動縮回。

3 度：痔瘡脫出，能被推回。

4 度：痔瘡脫出，無法推回。

就像前面所說，肛門使用 15-18 年之後，就會有痔瘡產生。

只有剛出生的嬰兒是完美的 0 度，其他成人都是從 1 度開始，所以不要聽到痔瘡就害怕，也不要覺得不好意思，大家的起跑點都一樣是 1 度！

　　而想避免痔瘡，平常就要好好保養，除了多吃蔬果、固定大號時間之外，也可多做有氧運動，加強下半身的循環。一般來說，生產時跑出的痔瘡，通常是 3 或 4 度，建議可以採取溫熱水坐浴，加速血液循環達到消腫的目的。或者是藉由外力改善，包括塞劑、藥膏等等塗抹患處，都可以改善痔瘡的狀況。

　　原則上，生產之後腹壓減少，加上產後的照護，無論是懷孕期間或生產時出現的痔瘡，在產後 1-2 個月就會完全恢復。但假如這段時間後仍未見改善，甚至還有大出血的現象，建議儘速就醫，經過評估之後可以手術割除痔瘡。

　　現在醫療技術很進步，痔瘡手術已經不再是刻板印象中會流一堆血、要躺好幾天的恐怖體驗，妳可以有不一樣的選擇。例如單日微創痔瘡手術，只需要 60-90 分鐘，出血少、傷口小、恢復快，而且不必住院，對生心理的負擔都大幅降低。（請上網搜尋：鍾雲霓醫師）

　　當然，還是希望各位產婦能生出寶寶就好，痔瘡就免了。但如果症狀已經造成生活上的不便，請不要坐視不理或不好意思求診，適時尋求專業協助，妳的產後人生會更健康順利！

PART 4

第 30-60 天

回家——
從未想像的手忙腳亂

出生 30-60 天的寶寶
發展觀察與照護重點

　　對許多爸媽來說，真正的戰役，其實是從寶寶滿月後才開始。因為此時要不是已經出月子中心回家了，就是月嫂功成身退，於是照顧寶寶的責任會完全落在妳和老公肩上，還不一定有幫手，所以對於「有了孩子」這件事的感受會更真實。

　　滿月之後，寶寶的食量會增加一點，大部分寶寶滿月後一次喝 100-120c.c，2 個月後一次大概能喝到 120-150c.c，怎麼知道要加奶呢？原則就是觀察寶寶的需求，如果原本的量吸光光了，還意猶未盡地在吸空氣，或是好幾餐都撐不到 4 小時就提早哭哭，便是寶寶的胃容量長大，可以增加奶量了。而這時的寶寶雖然還是一直在睡，但睡眠時間會再減少一點，可能不會吃完奶倒頭就睡，也可能吃奶時間還沒到就醒過來，這時不用急著「哄睡」或立刻「餵奶」，可以陪他玩，稍微消耗他的體力。

　　還記得前面說過，寶寶出生後最好就開始建立規律的作息嗎？一旦規律性建立起來，接下來會輕鬆許多。如果妳已經被連續中斷睡眠搞得快崩潰，那麼，第二個月開始，就可以開始試著調整寶寶日夜作息，白天時不要讓他睡太久，該喝奶的時候就叫

醒他，試著將長時間的睡眠移到晚上。

　　人是很容易被制約的動物，寶寶也不例外。建議可以建立「睡眠儀式」，例如洗完澡後唱首歌給寶寶聽、喝完睡前奶用小紗布巾沾溫開水清一清嘴巴、熄燈後拍一拍、講講故事，日復一日，讓他知道做完這些事情，就準備要睡覺了。大部分寶寶洗完澡都會很舒服，只要成功用睡眠儀式制約他，作息就能更規律，說不定就能一舉睡過夜。此外，滿 2 個月後的寶寶，四肢活動度會越來越大，白天時可以解開包巾讓寶寶活動手腳，睡覺時再包起來，有助於寶寶睡得更安穩。

　　當然啦，這裡的睡過夜不是指妳從此能睡到自然醒，而是寶寶能從睡前 12 點吃奶後，睡到早上 5、6 點左右，但這對老是睡眠不足的爸媽來說，已經夠令人感動了。

　　寶寶接近 2 個月時，四肢的伸展越來越平順靈活，趴著的時候，頭可以抬得更久，手臂也能出力撐起來，讓頭大約抬到 45 度；眼神更能夠對焦，此時人臉辨識系統已開啟，會盯著爸媽的表情很感興趣，眼神可以追著妳移動，妳也更能感覺到「寶寶在看我」。如果妳講的笑話夠好笑，寶寶也可能會開始對妳笑，如果不好笑，則會很現實的把眼神移開。此時可以稍微注意寶寶睜開眼睛的狀況，如果有疑似斜視或鬥雞眼的狀況，要儘早就醫。

　　此外，大部分寶寶在這個時期聽到聲音的刺激，可以明確的轉頭到那一側，自己也會發出一些咿咿啊啊的聲音。肚子餓時哭哭的聲音會特別不一樣，開始懂得表達自己的需求。以前常緊握的小拳頭，漸漸比較常放鬆張開，也開始會吃手手來安撫自己。

　　這個時期也建議可以開始念故事書給寶寶聽，雖然他似乎聽不懂，但持續的語言刺激有益於腦部發展，而且妳的聲音對寶寶來說別具意義，因為寶寶在還沒出生時，除了聽到心跳聲，主要就是媽媽的聲音，所以出生後，也會對妳的聲音會特別有反應。況且，唸給寶寶聽的故事，通常都很溫馨可愛，妳自己看了很開心，「快樂」這種氛圍是會傳染的，對寶寶及整個家庭都有好處，是一種很棒的互動。

　　需要注意的是，很多寶寶在這個時期會出現脂漏性皮膚炎的症狀，因為荷爾蒙的影響，油脂分泌比較旺盛，導致毛孔附近會有黃色皮屑，眉毛、頭皮或耳朵後的皮屑堆積會更厚。脂漏性皮膚炎是相當常見的狀況，基本上只需要用清水清洗該處，讓堵塞的毛孔能夠維持通暢，寶寶約 4-6 個月後，皮屑就會自然脫落，或者現在有一些針對脂漏性皮膚炎設計的乳液，也可挑選給寶寶使用。在這段期間，要盡可能保持寶寶皮膚涼爽，別落入有一種冷叫做「媽媽婆婆覺得寶寶冷」的狀態，因為在太熱的狀況下，會導致油脂分泌更旺盛，症狀可能更嚴重。

　　有些寶寶頭皮會長厚厚一層皮屑，如果妳真的看不下去，原則上可以稍微搓掉，建議滴一點點橄欖油或品質好的食用油在患處，軟化 5 分鐘後再洗。但也不需要因此過度清潔，避免用太燙的水清洗，更不要因為以為洗不乾淨而硬搓皮屑，會造成皮膚受傷的反效果。

　　假如狀況真的嚴重到有出水或破皮的狀況，可由專業醫師評估，是否需要用藥治療，或者用一些抗生素、類固醇藥膏來治療，

這些用藥的劑量很低,不需要擔心會造成副作用。

　　特別要說的是,有些爸媽帶孩子回家後,會擔心家中寵物對寶寶造成影響,其實大可不必操心,只要寶寶本身不會對於貓毛、狗毛特別嚴重過敏(可以進行過敏原基因檢測,請參考 p.24),通常出生後就可以接觸家中寵物,也有研究指出,提早接觸過敏原,日後引發過敏的機率反而會比較低,只要保持乾淨、注意安全,就可以放心讓毛孩子陪著寶寶成長喔!

♥ 只要做好準備，毛孩子絕對可以陪著寶寶快樂成長的喔！
　圖／可樂媽咪何思萱

寶寶的規律生活只是一場幻想

　　「人因夢想而偉大，因夢想幻滅而成長。」我想，許多爸媽都是在幻想破滅的過程中，逐漸變得越來越堅強的。而其中一個破滅的幻想就是：原來寶寶的作息一點都不規律！

　　寶寶滿月前，每天的睡眠時間很長，尤其如果待在月子中心，護理人員大多會訓練規律作息，該吃就吃、該睡就睡。但是如我上篇所說，回到家後才是另一個挑戰的開始，雖然大家都期待寶寶沒事就睡，該醒則乖乖起來喝奶，但人生不如意十之八九，況且孩子生來就是要砥礪爸媽心志的，哪有這麼容易？

　　「慘後」的實情通常是：喝奶時間還沒到，寶寶就醒了，喝完奶又不睡，好不容易睡了，不到 2 小時又醒來哭。而且小孩滿月之後醒來的時間會更多，有的會一直哭，需要抱抱或互動。更別說 4、5 個月之後，清醒時間越多越難照顧，如果作息混亂，保證爸媽先崩潰。所以，如果能儘早揹上值星帶，狠下心來訓練寶寶規律睡眠及喝奶，妳就能減少日後崩潰的機率。

　　我想提醒的是，寶寶還不會說話，肚子一餓就是哇哇大哭，但滿月之後，要學著捨得讓孩子哭。否則，如果他一哭，妳就要

立刻餵奶，完全順著寶寶的要求，屆時妳的生活就真的只能照著寶寶作息進行。

其實寶寶出現大小餐（有時吃多有時吃少），這是很正常的現象，如果妳是崇尚自然的親餵媽媽，對隨時待命餵飽寶寶甘之如飴、樂在其中，那當然沒問題；假如妳選擇瓶餵，或希望寶寶的作息能夠更規律、更符合妳的生活步調，通常寶寶1到2個月間，就可以開始訓練。

一開始，妳可以先觀察幾天寶寶的作息時間，就會發現其實亂中有序，只要從中進行微幅調整，寶寶就能更快適應。建議可以替寶寶記錄每日作息，最好先固定第一餐的時間，例如早上8點就一定要讓寶寶起床喝奶，當然不用鐵血到一分一秒不差，但至少時間誤差要控制在半小時內，才有利於接下來整天的時間安排。如果寶寶已經在固定時間喝了足夠的奶，當他在喝奶時間到之前哭時，就試著用其他的方式安撫他，而不是立刻雙手奉上奶。

同時，可以遵照「吃、玩、睡」的方式，也就是寶寶有幾餐吃飽後，可能不會馬上睡覺，妳不必急著哄睡，而是可以陪他玩、幫他按摩等等。這段時間多跟寶寶講話、給他看圖卡，多點親子互動，也有助於腦部發育。等到玩累了，寶寶自然就會睡，待下一餐時間到了，再將他叫醒。一旦這樣的循環建立之後，寶寶會開始期待等一下要玩、等一下要睡覺，漸漸地就被制約，作息當然也越來越規律。到了晚上那次長時間睡眠，吃過奶後，如果順利建立我上篇提到的「睡眠儀式」，例如清一清嘴巴、唱搖籃曲，部分寶寶在2到3個月時就能睡過夜。

很多媽媽在寶寶睡前的那一餐會刻意的增加奶量，其實這是不必要的，睡前增加奶量就跟成人「吃宵夜比較好睡」這樣自掘墳墓的行為相同，其實會減慢寶寶胃部排空速度，增加溢奶吐奶的風險，長期來看對寶寶的腸胃道其實會有不良的影響，想想看自己的生活習慣，其實妳在吃完晚餐之後到隔天早上吃早餐之前，也空了很長一段時間沒有進食，但也不會有覺得饑餓的感覺。所以總歸老話兩句，「不要過度擔心寶寶會餓」、「有一種餓是媽媽覺得寶寶餓」，真的餓他會起來討奶的。

建立規律作息的好處在於，當寶寶哭的時候，可以快速排除原因，例如這時段不會因為肚子餓或想睡而哭，也比較能預期寶寶的狀況。再者，有了作息記錄表，如果臨時有事需要將寶寶交給他人照顧，對受託的照顧者而言，可以依照作息記錄表餵奶、換尿布、哄睡，照顧起來相對容易，壓力不會那麼大，可能也更願意代為照顧寶寶；而妳和老公也不必提心吊膽，就怕別人忘記餵寶寶，比較放心偶爾丟包孩子，奢侈地享受一下倆人時光，別讓忙碌的育兒生活拉開了夫妻間的距離。

而且，一旦寶寶的作息變得規律，妳的時間分配也會比較輕鬆，會知道哪個時段可以處理家務，或者做自己想做的事情，而不是只能守在寶寶旁邊，連上個廁所都怕寶寶下一秒突然醒來大哭。這樣一來，就能降低疲憊程度，照顧寶寶也能更快樂，別忘了，保持心情愉快，就是最棒的育兒方法喔！

二寶媽：「醫生，帶孩子真的好累喔，想到肚子裡還有第二個更崩潰。」

林醫師：「累到想發飆的時候，記得回想一下當初第一次聽到他的哭聲
　　　　　的感動。」

二寶媽：「我只想著這種日子還要過多久耶。」

林醫師：「很快她就要跟男朋友跑了，好好珍惜跟孩子相處的時光呀！」

二寶媽：「有這麼快嗎林醫師，他才剛出生還不會爬。」

充足睡眠，是一種奢求；
驚醒，才是生活步調

　　週末和老公一起睡到自然醒，再賴個床，然後悠哉悠哉地去吃早午餐、喝咖啡……。多麼美好的假期，但這畫面在有了孩子以後，恐怕有好一段時間都不會再出現。

　　當寶寶一出生，平均 2-3 個小時要喝一次奶，親餵可能時間間距更短，當孩子哭著要討奶喝，哪怕妳正睡得多香甜，還是夢到與孔劉約會、彭于晏跑來搶親，都得立刻醒來餵寶寶。對於作息大受影響的新手爸媽而言，曾幾何時，睡飽，竟成了一大奢求。

　　坦白說，睡不飽，的確是產後幾個月的宿命。究竟該如何面對，我認為可分為生理及心理兩部分。

　　首先，妳可以先調整生理狀態，從懷孕 32-33 週開始，可以每天開始吃 1000 毫克的卵磷脂，滿 37 週後，可以開始按摩胸部刺激乳腺；產後多吃發奶食物，花生豬腳、黑麥汁等，多補充水分，減少太油膩的食物攝取，卵磷脂的量可以增加到每天 3000-6000 毫克，等到親餵或擠奶都順了之後再調整回每天 1000 毫克，這些嘗試都有助於產後泌乳更順利，提高餵奶效率，避免睏得要命奶又出不來的窘境。此外，雖然沒辦法一次睡足 8 小時，

但也請盡可能抓空檔補眠，讓一天的睡眠累積下來至少有 6-8 小時。

第二，希望妳產前可以先做好心理準備，知道產後有段時間就是注定睡不飽，也許可以讓崩潰感少一點點。生產之後，也要學著建立正確的概念，那就是：即使寶寶很難捉摸，但餵奶盡可能定時定量。千萬不要母愛大噴發，雄心壯志要好好餵他 2 小時，其實過程中寶寶吃吃睡睡，浪費的都是妳寶貴的時間。建議餵奶時間不要超過 40-60 分鐘，時間一到，就請放過自己。

剛開始妳如果找不到方法，別嫌棄我囉嗦，請試試看我前面就提過的方式，左右兩邊乳房先親餵寶寶各 15 分鐘，在親餵的時候刺激寶寶的臉頰、耳後、下巴，減少他睡著的可能；然後先把寶寶放一邊，按摩左右乳房各 5 分鐘，然後再親餵或擠奶各 5 分鐘，這樣總時數約 50 分鐘，之後不管三七二十一，塗上羊脂膏修復妳的乳頭，要讓乳房完整休息 2 個小時。好好休息，加上有休息規律的餵奶方式，不但能讓泌乳更順利，同時也能盡快讓寶寶建立規律作息。

此外，很多媽媽無時無刻都在懷疑寶寶究竟還有沒有呼吸，明明寶寶睡得好好的，也會驚醒過來確定沒事之後再睡。這種心理壓力，往往是造成淺眠的重要因素。所以，適時的跟老公排班就很重要，誰負責哪些時段起來看寶寶，至少另一個人可以在期間內好好睡覺，既然都睡不飽了，就別再自己嚇自己。假如妳和老公都是緊張大師，其實可以選擇一些智能產品輔助，例如寶寶

太久沒翻身或呼吸心跳有異常時會發出警示音的床墊，用科技力量輔助確保寶寶的安全，都能讓妳再放心一點。

有些新手爸媽很擔心「嬰兒猝死症候群」，也就是所謂的「呼吸中止症」（我的媽呀，聽起來有夠恐怖！），這是一種顯性遺傳疾病。建議可以進行「先天中樞性換氣不足症」（Congenital central hypoventilation syndrome, CCHS）的基因篩檢，倘若確定寶寶沒有這種猝死基因，平常只要做好妥善照顧的措施，例如不要讓寶寶睡覺時悶到臉、包好防踢被等等，基本上是不需要太擔心嬰兒猝死的問題。進行基因檢測，不只是為了寶寶安全，也是為了降低照顧者的心理壓力，在有限的時間裡，至少還能擁有一定水準的睡眠品質。

我明白叫妳放心睡，妳也不可能就真的睡好睡滿。但如果妳一再驚醒卻從未發現任何異狀，這時也要學著調適心情，試著稍微放開對於寶寶的牽掛。放開，不代表寶寶睡在旁邊，妳完全都不理他，而是別讓不必要的恐慌佔據生活，別將擔心的眼光 24 小時黏在寶寶身上。

轉念、放鬆，不代表妳不是個盡責的好媽媽；相反地，懂得適時放過自己、還能保有自己生活步調，才是能持之以恆又快樂的育兒方式，也能讓家庭氣氛變得更好喔！

照書養？還是照 Google 養？

天下應該沒有父母希望孩子從小就跟不上別人又難管教，抓準了這種殷殷期盼的心情，市面上的育兒書、教養方式有增無減，尤其隨著社群網路進步，有越來越多網路達人、部落客分享科學育兒的方式，甚至也有兒童發展專家教我們如何讓孩子成為天才領袖，如何讓孩子的神經發展得更好。

天下父母心，我從不否定爸媽們對孩子的付出與用心，但是如何拿捏育兒的「心態」，而不是緊緊跟隨著某種天才養成的「育兒方式」，跟著人家這樣説人家那樣做準沒錯，的確是我們該認真思考的問題，要「做自己」才是最好的方法。

曾經看過一部美劇，大意是媽媽為了保護女兒平安長大，在女兒體內放了感應系統，媽媽隨時都可以透過一個小螢幕監看女兒的一舉一動，而且感應系統還兼具了屏蔽功能，只要孩子生活中出現任何令她心跳加快的東西（包括狗叫），系統都會幫那些東西打上馬賽克。女兒上高中後，媽媽決定關掉系統，但她意外發現女兒交了男友還吸毒，一切似乎就快失去控制，於是她又回到小螢幕前，繼續盯著孩子的私生活。後來，女兒發現真相後大崩潰，與媽媽徹底決裂。

　　戲劇總是特別誇張，對吧？但仔細想想，我們所處的時代不正是如此嗎？現在有許多先進的攝影系統可以觀看孩子的舉動，不慎走到危險處，系統馬上嗶嗶叫；甚至孩子打個噴嚏、捧腹大笑都會啟動自動照相功能，拍下他最可愛純真的模樣。

　　更不用說有些月子中心準備了 24 小時寶寶攝影機對著嬰兒猛拍，美其名是讓媽媽隨時掌握寶寶的狀況，其實卻讓許多媽媽把孩子推回嬰兒室之後還撐著不睡猛盯著螢幕看，那為什麼不乾脆把孩子放在房裡就好？這不是危言聳聽，我真心覺得寶寶攝影機是產後憂鬱和焦慮的最大元凶。

　　談到這裡，妳還會覺得那部美劇演得太誇張嗎？我常常覺得，孩子好像活在大人的監視當中，久而久之孩子大了，我們仍無法放棄藉由監視孩子所帶來的「安全感」，與其說是安全感，說穿了可能更類似於控制欲望。

　　孩子就像電影《楚門的世界》，在被家長設定好的既定框架內成長，因為不是每個孩子都真的能如你所願，套句閩南語俗語：「我會大，你會老」，當我們無力再完全掌控孩子時，怎麼保證最後他不會反抗？

　　每種育兒教養方式沒有絕對好壞，只有適不適合。妳當然可以在孕期就想好用什麼方式照顧小孩，先與隊友取得共識，最重要的是，孩子出生後，要能接受孩子未必乖乖照妳的計劃走，隨著孩子個性調整教養方式，考驗著爸媽的智慧。

　　要我說什麼方式對寶寶最好，我會說是「陪伴」。養小孩跟養寵物不同，不是處理好吃喝拉撒睡就足夠，親情對孩子來說，

才是成長路上最重要的養分。親情是一種說不上來的緊密結合感，不需要特別做什麼，只要陪在彼此身邊，心裡就覺得滿足又平靜，這是交給其他人照顧所產生不了的連結感。

正因為陪伴很重要、親情很重要，所以育兒方式不應該只針對孩子，也應該符合妳跟隊友的個性、作風，而不是違背本性強硬執行某一種方法，搞得全家烏煙瘴氣，孩子又怎麼快樂得起來？

另外，也用不著羨慕樓上王太太、隔壁劉媽媽的孩子有多乖，不是他們的孩子特別聰明懂事，而是大家都是拿得意的來說嘴，失意的已讀不回。所以，妳沒必要拿別人的孩子來指責自己的孩子與隊友，更不需要硬將不適合的方式套在孩子身上。

第一胎照書養、第二胎照豬養是多數人的經驗，其實最好的方法就是直接照第二胎的放養法。我認為最好的科學育兒方式，其實就是「己所不欲，勿施於人」，不希望別人加諸在我們身上的所有行為，也不應該加諸在孩子身上，放手讓孩子自由發展，也許會有妳意想不到的收獲。

最困難的小事

曾經看過一本書的書名叫做《文藝女青年這種病，生個孩子就好了》，我覺得用來形容成為媽媽的過程真的很貼切，哪怕妳原本是個長髮飄逸的仙女，或是不食人間煙火的文藝女青年，一旦身邊多了個寶寶，形象都會開始崩塌，從天堂落入人間，逐漸轉變成一個十八般武藝全能的媽媽。

別看很多網美總是優雅的推著推車帶寶寶散步，還自帶仙女光環，就誤以為當媽都能如此。當媽以後，生活中總會出現許多意想不到的插曲，這些小事看似不大，卻常常挑戰妳的耐心與容忍度，讓妳想抱頭尖叫：「寶寶怎麼這麼煩啊！！」

首先，請務必要有一個認知，天使寶寶不是每個人都生得出來，就算妳的孩子是個天使寶寶，肯定也有許多讓人又好氣又好笑的事。以下幾件小事，幾乎是所有爸媽都會遇到的狀況，它是如此日常，卻又是妳從沒想像過的困難：

寶寶穿什麼好？

替寶寶選擇衣服，請先將美觀擺後面，最重要是透氣、舒適，例如純棉就是個不錯的選項。剛出生的寶寶身體、脖子都比較軟，

妳會發現連穿衣這件小事都如此困難，尤其不適合穿一般的套頭式的衣服，所以建議穿前面有扣子或綁線的衣服，穿脫都比較容易（我知道我知道，那整排的扣子和不停扭動的孩子快讓妳瘋了吧！）。大概 4 到 6 個月之後，脖子硬了就可以穿套頭的衣服。也可選一些能夠反折包住指甲的衣服，因為寶寶活動力越來越強，手腳揮啊揮，很容易不小心抓傷自己。

恐怖額～幫寶寶剪指甲

很多事情其實不難，但會讓人害怕，尤其是怕傷害到孩子，幫寶寶剪指甲就是其中一項。通常寶寶的指甲建議 1 至 2 週修剪一次即可，但這差事聽起來簡單，真正實行起來還是會怕怕。大部分的爸媽一開始都不敢剪，等到寶寶滿 4、5 個月後才敢動手。

建議可以買寶寶專用的指甲剪，尺寸比較小，也比較安全。而且寶寶 1、2 個月時睡眠時間較長，又民智未開還搞不清楚狀況，趁他熟睡時幫他剪指甲是最好的時機。但最好是妳和隊友同心協力，一人緊抓著寶寶手指，一個人剪。

門診時，我遇過很多新手爸媽會問有沒有幫寶寶剪指甲的服務，必須很殘酷地說，多數診所都沒有。如果妳過不了心裡那關，不敢幫寶寶剪指甲，沒關係，有些衣服可以反折包住指甲，或者戴手套撐一下，反正寶寶還不會滑手機，手被包起來也不會抗議。

孔子說「友直、友諒、友多聞」，這三種朋友可以深交，我建議妳，有育兒經驗的前輩也要保持友好關係，哪天趁著到他家做客時，不慌不忙掏出指甲剪，請他幫忙剪指甲，順水推舟，妳又安然度過這一關（哈！）。

啊！又吐奶了

相信妳產前應該幫寶寶買了一堆漂亮衣服，希望趕快幫他穿搭吧，但通常很快妳就會宣告放棄。因為寶寶容易溢吐奶，有時明明已經拍嗝了，但 2、3 小時後又吐，讓妳擦吐奶擦到懷疑人生，到最後妳根本也懶得讓寶寶穿漂亮衣服，畢竟再怎麼美，他照吐不誤，光洗口水巾就來不及了，哪還有閒工夫幫他穿搭。

與其瘋狂買可愛衣服，多買幾條口水巾還比較實在，因為寶寶一吐奶就得換，買個 20 條都還算客氣。而且寶寶吐在自己身上就算了，最悲傷的是他也很常吐在妳身上，時常妳抱著寶寶時，突然一陣暖意流過，不要誤會，那不是母愛，是寶寶如江水滔滔不盡的吐奶。吐出來的奶終究是一種嘔吐物，帶著股酸味，妳這輩子可曾想過，自己會任憑嘔吐物老是灑在肩頭的感覺？恭喜妳，當媽之後就漸漸習慣了，這不是真愛，什麼是真愛呢？

不斷爆炸噴射的嬰兒屎

妳或隊友有潔癖嗎？放下吧，生個孩子，所有的潔癖都將成為過眼雲煙。

寶寶一開始喝母奶，一天要換 8、9 次尿布，起初的胎便通常沒什麼味道，但幾週之後，腸胃菌種改變，放屁跟大便都會變得很臭，臭到妳懷疑他是不是半夜起床偷開冰箱吃宵夜。況且寶寶還不懂得羞恥心，想拉就拉、想放就放，母奶寶寶的腸胃蠕動快，邊喝奶邊大便也是稀鬆平常的事。而且不知道為什麼，寶寶好像天生就會整人，明明好好的沒大便，一打開尿布，屎屎就狂野的噴了出來，妳被噴得一身也是家常便飯，一天的行程有好多

時間是在幫孩子洗屁屁，真心希望寶寶可以自己去坐免治馬桶。

　　小孩滿 2、3 個月後，腸胃越來越成熟，頻繁大便的狀況也會變成1天1次到 4、5 次左右。除了冒著時不時被屎轟炸的風險之外，垃圾車沒來之前，家裡會堆著一堆髒尿布，整個家裡瀰漫的不再是花果香氛，而是純粹的屎味。

　　產前妳還能看電影與神同行，但當媽後是與屎尿同行；而以前不能忍受枕邊人在面前放屁的妳，生了孩子衣服被噴到點屎也不急著換，先幫寶寶洗屁屁要緊。

　　產前寶寶一寸一寸撐大妳的子宮，出生後則一步一步撐大妳的容忍底限，這些是成為父母的必經之路，也因為如此，妳的生命容得下更多可能。雖然這些小事有點煩，雖然妳和隊友可能會出現隨時隨地都聞到屎味的幻覺，但切記保持輕鬆心情幽默以對，很快地，這些事情回想起來都是陪孩子成長的回憶！

我是壞媽媽？新手媽媽的焦慮

生產後的日子，很像在打怪，妳以為打完這個魔王就能鬆口氣，其實另一個大魔王就在不遠處等著妳。前面曾提到剛生產完後造成憂鬱的生、心理原因，但老實說，出了月子中心才是真正一連串崩潰的開始。

相信妳耳聞過月子中心的美好，美好到應該要住到孩子滿 18 歲，可惜 1 個月後就要面對現實。可能就是住月子中心太美好，所以妳很難想像接下來的日子有多累，就算妳想過，但真實情況往往是「知道會很累，卻沒想過有這麼累」。

回到家後，沒人全天候幫妳照護寶寶，三餐沒有人端到眼前，生活卻要趕緊回到軌道，於是妳一個人手忙腳亂餵奶、記錄寶寶喝奶睡覺時間，在餵奶、換尿布之間的空檔去煮飯、洗碗、洗衣服，時間被切得零零碎碎，哺乳時覺得自己好像只剩餵奶的作用，人生成就感瞬間崩塌。好不容易偷空滑個手機，看到每個部落客帶著孩子，卻還是完整妝髮、光鮮亮麗，自己卻連刷牙都沒時間，妳赫然發現：帶孩子，怎麼跟想像中完全不一樣！？

最可怕的是，半夜要起床餵奶的妳，睡眠不斷中斷，睡不好、睡不飽，本來就容易導致壞情緒，若加上小孩又很有個性，老是

不在計劃中醒來，一旦狀況失去控制，妳很容易自我懷疑是否是個不稱職的壞媽媽，為什麼連孩子的需求都沒辦法滿足，讓他一天到晚哇哇大哭？為什麼別人好像得心應手，自己帶孩子卻每天嚇到吃手手？

而且，產後1個多月，周遭的人對妳的態度會有點改變，本來還會關心妳會不會有產後憂鬱，但才1個多月就認為妳該適應、馬上振作起來，變身成完美的超人媽媽。

這時，面對新手媽媽的心力交瘁、自責感和焦慮感，適時的放過自己，才是最好的因應之道。哪怕寶寶再黏妳，妳都要有一個觀念：寶寶不是妳一個人的責任，而是該由妳和隊友一起面對。

英國、北歐等國家，很流行由爸爸請育嬰假，我覺得這是一件很棒的事情，應該被推廣並且更普遍，只要夫妻協調好，有何不可？重點是怎麼做對整個家庭氣氛最好。

如果妳很喜歡工作，出去工作會比較開心，或甚至妳賺得比老公還多，那就沒必要逼自己請育嬰假在家照顧寶寶，因為媽媽開心，寶寶才會開心；同樣的，妳的情緒也會感染隊友，假如妳一天到晚鬱鬱寡歡，枕邊人也快樂不起來。

當然也要跟隊友及周遭親友呼籲一下，能力範圍內，願意幫忙就盡量幫；有時產婦的心玻璃到很難想像，如果不一定能幫忙，但至少要管好那張嘴。因為隨便一句「寶寶怎麼這麼瘦，都吃不飽喔！」就很可能讓產婦難過半天，自責不已。

還有，妳自己也不要太鑽牛角尖，覺得全世界自己最累，隊友都不知道在幹嘛，或是隊友真的認真努力的一起照顧孩子，妳

卻在旁邊碎碎念，奶這樣泡不行、洗澡要怎樣才是對的……，這樣當然會令人不舒服，久而久之隊友不想一起照顧孩子，其實可能就是妳的態度造成的。換個角度想，隊友其實也輕鬆不到哪裡去，妳對完全搞不清楚狀況的孩子可以有耐心，對已經懂事明理的隊友也應該互相包容，在兩人都筋疲力盡的時候，更要互相鼓勵互相扶持，這才是成為伴侶的意義。

在剛開始適應帶孩子的忙亂時刻，時間規劃顯得很重要。我建議在月子中心的最後 1-2 週，妳跟隊友就可以開始調整回家後的時間分配，例如可能短期內要放棄原本的休閒活動、推掉應酬等等，可以減少焦慮感。

而且，根據大家帶孩子的經驗顯示，一個孩子平均需要 3 個人一起照顧，所以除了妳跟隊友，我強烈建議找幫手。不一定是幫傭或保姆，身邊長輩、親友若可以幫忙照顧孩子 3、5 個小時，你們夫妻倆都走不開的時候就有了替代方案，或者還能偶爾把握難得機會去放風。

假如有人願意幫忙顧寶寶，也請妳先將標準放低一點，小孩子其實沒那麼脆弱，不要對別人的照顧方式有太多意見，謹記最高原則「還有呼吸就好」，人生會變得海闊天空。

依照我的門診經驗，雖然剛生完回診的媽媽都一臉凄慘疲憊，但只要 2、3 個月過後，寶寶能睡過夜了，大多又能恢復昔日光采。經過這段兵荒馬亂的日子，妳可能會覺得能睡飽就是上天的恩賜，聽起來很卑微，但，這也是只有當媽媽才能體會的幸福啊！

隊友，最後一根稻草還是救世主？

「不怕神一般的對手，只怕豬一般的隊友。」相信這句話大家都聽過，尤其不知道為什麼，小孩出生後，妳很容易看老公不順眼，對吧？睡覺前想到隔壁王太太的老公都會半夜起床泡奶，還是一等一的換尿布好手，妳的枕邊人卻睡得跟豬一樣，忍不住都要淚溼枕畔，懷疑自己真的嫁給一個豬隊友。

在我看來，多數的老公在太太懷孕期間表現都很不錯，診間也常看到陪產檢從不缺席的男人。好，各位先不要激動，可能此時有人想投訴，自己老公也是孕期陪產檢，怎知孩子一出生就什麼都做不好，令人看了一肚子火。

其實，隊友是豬或是神都在妳一念間，老公究竟會成為救世主，還是壓垮妳的最後一根稻草，決定權也在妳手上。因為一個巴掌拍不響，事出必有因，同樣身為他的隊友的妳，當然是影響他走向豬或神的關鍵。

打個比方，我覺得對待老公，就像在玩一種「養成遊戲」，妳讓他經歷哪些事情、感受哪些情緒，會左右他成為豬隊友或神隊友。

怎麼說呢？假如有時候老公泡好了奶，妳偏要拿起來左看右

看，覺得好像溫度不對，又好像裡面是不是有點灰塵，乾脆倒掉自己重泡；或者是老公已經替寶寶換好尿布，妳又偏不不放心，要把尿布拆開仔細檢查一下寶寶屁屁有沒有擦乾淨再重新包起來；還有，妳是否在隊友洗完奶瓶後，自己不放心又要再洗一次？拜託！妳本人都不是活在無菌室了，真的沒必要給身邊的人這麼大的壓力。

以上這些一舉一動，在老公看來都會充滿了妳對他的「不信任」。換個角度想，如果妳老闆或上司處處懷疑妳的能力、老是否定妳的做事方式，妳還會樂意為他效命嗎？還是會抱著「多做多錯、少做少錯」的心態，以「不挨罵」為最高原則呢？

既然是隊友，倆人就該彼此信任，所以，在「隊友養成遊戲」中最重要的養分就是「信任感」。老公之所以是神隊友，不是因為他天生就會這些，而是因為妳放心讓他獨力照顧孩子，妳相信他做的一切出發點都是為了孩子好。多多肯定隊友做的每一件小事，減少他的心理負擔，當然就會更樂意照顧孩子、分憂解勞。

如果妳常被老公的育兒方式及態度氣到跳腳，非要老公按照妳的意思去做不可，表面上看來是對孩子好，但這往往會給老公帶來沮喪挫敗、得不到認同或鼓勵的感覺，在這個「養成遊戲」中，這種負面情緒，往往就是將老公推向「豬」的那一邊。

此外，雖然有時候隊友白目又固執己見，可能惹得妳想在社群網路上痛罵一番，偶爾為之，也是一種發洩的管道，但更重要的是，罵完之後也要跟隊友正向而直接地溝通。否則，美其名是

紓壓，實際上就是在同溫層討拍，妳只會因為朋友站在妳這一邊，而認為自己才是對的，這無疑是不健康的想法喔。

　　另一方面，其實不只老公是妳育兒時的隊友，家人、朋友、長輩可能都是。同樣的，如果妳認為這些人是妳的隊友，就也應該對他們充滿信任感。他們可能會對妳伸出援手，但也可能有時七嘴八舌提供太多建議讓妳感到困擾。這時，妳跟老公之間的溝通就顯得很重要，維持好養孩子的步調，才不會被輕易干擾。

　　假如妳真心覺得某個人不是個值得信任的幫手，就請妳狠下心來換掉（好啦，但婚可不能說離就離啊！），別一方面需要別人的幫助，一方面又將對方嫌得一無是處。

　　不管是老公或家人、長輩，都應該互相尊重，而不是誰該聽誰的話、誰的育兒方式才最好，好好溝通，才能讓彼此成為對方的神隊友！

生產當天　　第7天　　1y1m

圖 / 黃雅淇

圖 / 吳瑜鈞

從兩人變成三口，老公是妳一輩子的伴侶，也是育兒生活的神隊友。

媽媽教會妳的事

　　很多新手媽媽從孕期到剛生產結束，會發現自己最重要的心理依靠，是自己的媽媽。因為隊友神歸神、好歸好，但比起媽媽，可能比較無法感同身受妳的焦慮或不安。尤其很多人生產之後會開始自我懷疑，不確定自己有沒有能力照顧好寶寶，這時，妳的媽媽是唯一能真正了解妳的人。

　　甚至部分產婦坐月子時，媽媽會來幫忙，其實對產婦而言，那是一種情感依靠。當妳確認懷孕的那一天開始，就準備要當媽媽，歷經懷胎、生產，妳終於真的成為一個「媽媽」，這個全新的身份難免讓人有點不安，但妳的媽媽的存在會提醒妳：妳雖然也當了媽，卻同時永遠是她的「女兒」，妳現在經歷的一切，她也曾經歷過。

　　於是，妳便不再覺得那麼孤單、心裡的千千結沒人懂，再怎麼樣，還有媽媽懂。況且，自己的媽媽使喚起來多麼行雲流水毫無障礙啊！媽媽的存在，其實給產婦適應新身份之餘，有一點喘息的空間。

　　再者，醫生雖然能給予專業的建議，但可能無法教妳如何養育一個小孩，更不可能幫妳養小孩。這時候，妳爸媽的經驗就很

重要，再怎麼說，他們把妳拉拔到這麼大了，如今還成為另一個孩子的媽媽。

所以，剛生完什麼都不懂的妳，遇到任何疑難雜症，除了問醫護人員，當然就是問爸媽。問著問著，爸媽也許忍不住又要分享起妳小時候有多難帶，妳聽了覺得好感動，母女倆的對話場景好像都開了美肌一樣的朦朧溫馨。

但是呢，據我觀察，產後的確會跟爸媽感情變得特別好，可是通常幾週後，開始產生育兒方式的歧異，就會打回原形。例如長輩覺得應該要讓寶寶穿多一點，妳卻認為通風就好……這些觀念上的落差，往往會導致雙方出現爭吵或口角。

家務事，旁人當然無從置喙，不過我還是想提醒大家，世間事本來就有一好、沒兩好，待人處事不能像吃自助餐，只挑喜歡的吃。講白了，就是不能又要爸媽幫助、又要嫌長輩無知守舊，一旦決定接受幫助，好的、壞的都要概括承受。

舉例來說，如果妳的爸媽看到寶寶睡不好，想帶去廟裡收驚，基本上只要不逼寶寶喝符水、吃香灰等這些危害健康安全的舉動，其實也不一定要反對到底，跟長輩們硬碰硬。

長輩有時的確很煩，念個不停，但換個角度想，他們不過是好意，想幫忙又擔心插手會被罵，只能不斷跳針以前的經驗。既然如此，妳不必一昧的嫌棄反對，學著如何與長輩溝通，其實也是當媽了之後必修的課程。

而且，所謂的「家人」，就是吵得再凶，也吵不散。長遠來

看，當了媽媽之後，的確會跟自己的媽媽感情更好。套句老話「養兒方知父母恩」，當妳疲於餵奶、換尿布、洗奶瓶時，可能會不由自主想到，當年老爸老媽也這樣把妳拉拔長大，對於他們的辛苦更能感同身受。

就是因為有了同理心，妳開始能夠體諒育兒的辛苦。以前抱怨老媽忙著上班，老爸總是在應酬或是很少看到蹤影，都不像同學媽媽念故事書給小孩聽；現在妳可以體會保有自己工作、生活的重要，明白爸媽不是不愛妳，只是她用另一種方式養育妳。

更重要的是，如今妳可以選擇用自己的方式彌補當年的遺憾。例如妳一直渴求與老媽共讀卻始終不可得，那麼，現在妳能做的，就是多撥一點時間出來陪寶寶念故事書，讓自己和寶寶都有機會感受親子共讀的美好。

其實，這些都是媽媽教妳的事啊！最珍貴的，不是她幫妳買了哪些補品、幫妳照顧孩子，而是她用自己的青春與經驗，讓妳開始學習如何當一個媽媽。

產後回診時……

林醫師：「哇，養的很好耶！累不累呀？」

產後婦 1：「累呀！累死了！」

產後婦 2：「怎麼不累？林醫師送給你好了！」

產後婦 3：「林醫師，可不可以幫我塞回去？」

產後婦 4：「我不敢想像離開月子中心後的慘況……」

思宏的 OS：

我相信妳們是很辛苦的卻又甘之如飴，我相信妳們是累累累但是無怨無悔的付出，我相信妳們有時很幹很想哭，但寶貝一笑妳又繼續當奴婢，我相信如果孩子真的被人抱走了妳會用生命跟他拚了。這就是母親。

有嬰兒群組，我不孤單

有了孩子以後，妳大概會發現時間被切得零零碎碎，連好好上廁所都有困難，更遑論跟好姊妹出去吃下午茶、逛街、聊天。尤其如果妳全職帶小孩，整天跟個只會哭的嬰兒綁在一起，有時候可能還會出現與世隔絕之感，如果身邊的好友都還沒有小孩，妳一肚子育兒甘苦說了也沒人體會，大概會覺得人生怎麼變得這麼孤單。

幸好偉大的網路拯救了許多媽媽孤寂的心靈，在家不只可以追劇，還有很多「狗寶寶」、「雞寶寶」嬰兒群組，成員包含了四面八方的媽媽，帶著跟妳的孩子差不多年紀的寶寶，一加入彷彿多了好多懂妳的好朋友。

舉凡寶寶半夜不睡覺、老公愛玩小孩卻連換尿布都懶、親友老是碎念妳奶量少寶寶會餓著，還有最討厭的是孩子才 2 個月大，有人卻一直問妳何時要生第二胎……各式各樣關於育兒的酸甜苦辣，在嬰兒群組都能獲得共鳴，取暖、討拍、抱怨、求教……群組幾乎包辦了所有功能，成了很多人的心靈慰藉。還有不少媽媽們越聊感情越好，會約出來幫寶寶「團拍」留念，或者是舉辦「團聚」，爸媽之間可以交流心得，是相當有趣的活動。

　　而且，這些嬰兒群組還有一個重要的目的──團購，只要螢幕上出現優惠的連結，往往都是一呼百諾，尤其現在嬰兒用品日新月異，一看到就腦波弱，什麼！原來還有這東西可以買！立刻手刀下單，購物怎麼能輸人。

　　聽起來真是和樂融融對吧！但事實上，嬰兒群組裡的業配可是無孔不入。也就是說，有一些「假媽媽」會藏在群組裡，假借分享的名義，實則在藉由揪團購賺分潤；或者有些媽媽一分享，立刻有人出來讚聲，那很可能是樁腳，類似電視購物在旁邊煽風點火的概念，讓許多腦波弱的人立刻埋單。

　　當然，東西如果實用、安全，買了也沒什麼大礙，只是我要提醒妳，不要這麼輕易手滑，下單喊「＋1」之前，先確認物品的來歷、有沒有認證標章，免得買到來歷不明的玩意兒，花錢心痛是小事，如果有害健康才真是嚴重。

　　人在比較脆弱、無助的時候，一旦有了浮木就會緊抓著不放。嬰兒群組能帶給妳心靈慰藉，這是不可否認的事，我也不反對妳加入，群組裡有妳認識的人最好。但是一個群組這麼多人，妳很難確認每個人的狀況，偶爾吐吐苦水是正常的，但若有人不斷渲染負面情緒，勸妳還是少看為妙，不要過度沈迷。

　　而且坦白說，加入嬰兒群組是件滿「方便」的事，每當丟問題上去，很快就有一堆人回答，可是其中卻隱含著一個嚴重的問題──現代人習慣從所謂「育兒懶人包」獲取結果，但我們卻沒有去思考這些結果從何而來、是否正確，這跟網路上那些連作者、出處都沒有的農場文章，其實是類似的道理。

　　這些嬰兒群組通常都不是由專業醫護人員組成，最大的目的應該是在於互相交流、陪伴，看看彼此怎麼帶孩子。但是千萬記住，大家說的資訊，往往是一些經驗分享，當妳毫無頭緒的狀況下，的確可以作為參考，可是不需要奉為圭臬，一旦有疑慮，還是得勤勞點向專業人士求助喔。

嘴砲育兒團的陷阱

如果妳有追蹤一些親子類型的網美、加入網路上各式各樣的育兒社團，或是社群中的好友也有不少當了媽媽的人，很可能妳一滑臉書就被滿滿的嬰兒照片洗版，舉凡寶寶的吃喝拉撒、一舉一動都想貼上社群網路，或者遇到有人家的寶寶生病、受傷、拉出什麼顏色的屎都要拍張照上傳，詢問網友寶寶究竟怎麼了。其實，大部分媽媽的初衷都是「分享」，但妳大概沒想過，這樣「萬事問網友」、「請問臉書大神巴拉巴拉」的風氣背後，可能會帶來一些困擾。

試著回想懷孕期間，妳要是膽敢貼出自己大啖生魚片或手拿咖啡的照片，底下肯定有一大串留言：「孕婦不能吃生的！」、「咖啡因對寶寶不好！」美其名是關心，但，妳覺得對妳的生活有真正的助益嗎？不過就是讓妳更焦慮罷了。

直到生了孩子，妳開始分享育兒生活，偶爾貼一張寶寶含著奶嘴的照片，恐怕也會換來：「寶寶吃奶嘴會乳頭混淆哦！」、「我都不給寶寶吃奶嘴，如果他哭我就……」這類的「好心建議」，更甚者，還可能招來正義魔人等級的批判。

說實在的，育兒很像是大家合夥開公司，業績好賺大錢的時

候，大家都不會說什麼；一旦開始賠錢，有的沒的意見就會紛紛出籠。今天寶寶養得好，沒人會多說什麼，要是哪裡受傷、稍微瘦小了點，保證一堆人就在旁邊七嘴八舌，連樓下賣麵線的阿桑都搖身一變為育兒專家。因為人有一種很奇怪的習性，就是看到別人在吃麵，自己就忍不住要在旁邊喊燒。

其實仔細思考，妳就會理解，這些網友或是路人，根本不了解妳的生活形態或寶寶習性，卻一昧地下指導棋，看起來是很熱心啦，說穿了，就是風涼話和嘴砲呀！反正寶寶怎麼了，他不用負責，也不用擔心，出一張嘴，永遠是最輕鬆的。

坦白說，別人的方法不一定是錯的，但那是別人養孩子的方法，不一定適合妳。如果妳沒有自己的方法，當然可以聽取建議後，再針對自己的方式進行微調。但不是每個人都能如此理性、堅定自己的方向，也有很多人聽得越多、腦袋越亂，或是不經思考全然相信，接著就會開始進行毫無助益的自我懷疑與自我批判，這種時候，再多的「建議」都是落井下石。

倘若妳真的無法辨別哪些意見可以採納，那我會建議妳，乾脆不要聽、也不要看，按照妳跟老公想要的方式進行就好。育兒不是選擇題或是非題，從來沒有標準答案；育兒像是一趟漫長的旅程，妳會遇到很多困難、很多挑戰，妳必須學著嘗試，妳可以聽取建議，但該往哪裡去，依舊要聽從自己心裡的聲音，或者是與妳併肩同行的老公一起討論。

如果在育兒路上需要求助、需要別人的建議，記得先好好思

考不同對象給的意見孰輕孰重。建議最好方式當然是先參考專業醫師的說法，接下來是爸媽、公婆提供的經驗，因為這些人是最親近妳的人，也的確是愛寶寶的家人，即使育兒理念、方式上有落差，也需要好好溝通，而不是一昧反對。最後才應該看看網友分享的意見。但偏偏現在許多人採納意見的順序都是相反的，甚至出現有些媽媽常常不管老公、長輩或者專業醫師講什麼，卻把陌生網友的評論奉為圭臬的狀況。

　　特別提醒，將一個剛出生只會哭的寶寶，養得頭好壯壯又好吃好睡，肯定是許多妳的驕傲。也許在不久的將來，妳有了一肚子育兒經想跟別人分享。但要記得「己所不欲、勿施於人」的道理，既然妳不喜歡別人霸道地下指導棋，那妳就不要成為那種人。當有其他新手媽媽也覺得困惑、焦慮、迷失人生方向的時候，妳可以提供經驗或意見，但不要不明究理指責別人的方式不對，才不會讓自己也變成嘴砲育兒團團員！

診 間 對 話

門診一對剛懷孕的夫妻剛掃完超音波。

賣瓜林：「好的，有看到心跳都很好沒有問題，我們 2 週後來領媽媽手冊！」

認真夫：「林醫師，請問一下有沒有什麼書可以推薦我們看，畢竟網路上的資訊太多太雜也不知道要相信誰？」

林醫師：「嗯嗯，有一本《樂孕》我覺得還不錯，可以參考看看，作者長得還滿帥的！」

認真夫：「好，我去書店找找看，謝謝喔！」

替寶寶找對醫師

生產後，妳可能會發現，有段時間妳和朋友之間的話題就改變了，以前聊的是哪間夜店好玩、哪件衣服好看，但產後最常交流心得的，就是哪裡的小兒科醫師最棒；以前覺得韓劇裡的男星又帥又有好身材，現在卻反而覺得能協助妳判斷並解決寶寶問題的醫師最有魅力。畢竟，能替寶寶找到適合的醫師，更能讓爸媽安心地帶著孩子一起成長。

雖然台灣的醫療院所很多、體制也很完整，但並不是每一間診所、醫院都能為寶寶做出精細正確的診斷，怎麼幫寶寶找醫師，其實也是新手爸媽會小小苦惱的課題。

首先要說明一件事：新生兒指的是出生 30 天內的寶寶，一旦滿月後，就不再稱為「新生兒」。

在醫院的科別分類中，不是所有的小兒科醫師都熟悉新生兒的狀況，新生兒科算是小兒科裡的細分類，因為出生尚未滿月的新生兒，在這期間會有比較多特殊狀況，需要新生兒科醫師的專業。除了門診之外，早產兒、病房巡房也都是新生兒醫生的工作項目，所以他們對滿月內的寶寶特別熟悉。

　　建議新手爸媽們，在替還沒滿月的寶寶找醫師時，除了多注意小兒科診所有沒有新生兒科的專業之外，也可以往有生產項目的醫院或婦產科診所去找，他們多半對新生兒科比較熟悉。如果是滿月之後，如果寶寶沒有特殊狀況，則直接找一般小兒科就診即可。

　　另外，挑選診所醫院時，如果能就近找家裡附近的醫療院所，那最方便不過，因為醫院或婦產科診所的疫苗通常比較齊全，建議寶寶盡量在同一個地方看診、打預防針，醫生也比較能掌握寶寶的狀況。

　　在此特別提醒，有些家醫科會兼看小兒科，但由於家醫科的範圍很廣，從小看到老，可能對於新生兒較不熟悉，疫苗也不一定進得那麼齊全，加上台灣的家庭醫師制度還不完整，其實不算是優先考慮的選項。

　　再者，我建議要選擇與自己投緣、小孩子喜歡的醫師（不過每次看到醫師就被戳一針可能很難投緣！），而不一定要是非常有名的醫師。因為育兒的過程中往往一個風吹草動就會讓妳擔心不已，如果看了醫師讓妳覺得講話不投緣，又有點半信半疑的，這樣的話這個醫師就不是適合妳的醫師，反而會花更多的時間「doctor shopping」，甚至有可能去聽信網路上的網友分享或是來歷不明的文章。

　　那到底該怎麼辦？其實可以問問看妳的婦產科醫師，因為妳的婦產科醫師一定接生過非常多的寶寶，妳又是他經手的產婦之一，或許可以給妳不錯的建議唷！

　　祝福所有爸媽和孩子都能找到伴隨孩子健康長大的好醫師！

再忙，也別忘了產後回診

懷胎這麼久，終於順利卸貨，心裡跟肚子都放下一塊大石頭，隨之而來的可能是擠奶與照顧新生兒的考驗。但即使再手忙腳亂，也不要忘記產後回診，檢查妳的身體復原狀況喔！

絕大部份的醫療院所都會在產後會有兩次回診，一次是出院後 1-2 週，第二次則是產後 4-6 週。

第一次的回診中，有幾大評估重點，首先當然是檢查傷口復原狀況。自然產媽媽當然就是查看會陰部傷口癒合情形，由於會陰部的位置沒有任何張力，所以通常會自然癒合，畢竟妳不可能每天劈腿，就算劈腿也不會拉到傷口。至於剖腹產媽媽，同樣需要檢查傷口癒合狀況，拆線或是換藥，如果有任何需要能即時處理，對預防疤痕生成有幫助。

檢查完傷口，接著就是超音波檢查子宮收縮狀況，查看內部有無殘留胎盤和血塊；另外，也會評估泌乳狀況是否足夠。一連串身體的檢查後，妳以為就結束了嗎？不，我可是療癒系暖男耶，怎麼可能就這樣放妳走。

產後由於荷爾蒙的變化、擔心無法勝任母親角色、與隊友溝通不良、睡不飽、奶不夠、訪客一大堆……導致產後 2 週內時常發生憂鬱的狀況，所以第一次的回診，當然也包含了評估妳的心

理狀況。再怎麼說，我陪妳經過一整個孕期、為妳接生寶寶，妳的心理變化，當然也是我關心的重點，畢竟，有快樂的媽媽，才會有快樂的寶寶！

接下來，因為生產需要約 42 天的復舊期，讓子宮等生殖系統回到懷孕前的狀況，所以第二次回診的重點，就在於檢查子宮有無順利收縮，恢復到原本的位置及大小、其他臟器有沒有歸位；其次，產後 4-6 週，惡露應該已經排乾淨了，這也是本次回診的檢查重點。

通常，自然產的媽媽在第二次回診時，會陰部傷口此時已經恢復原貌，只是因為癒合處長出的疤痕結締組織較硬。而剖腹產的媽媽，我們則會在第二次回診時再次觀察剖腹產的傷口，視情況進行預防疤痕產生的處理，例如除疤凝膠、疤痕貼片，或者直接進行醫學美容除疤針注射等等。

另外，絕大多數媽媽孕期間都不會做子宮頸抹片檢查，在這次回診，可以進行抹片檢查及人類乳突病毒的檢查，當然也有人會施打人類乳突病毒疫苗來預防子宮頸癌。

以上兩次產後回診，都是為了確保妳產後生心理都健健康康。只是要提醒的是，如果妳的傷口有些異味，1-2 週後仍有嚴重疼痛的情形，建議還是要提早回妳生產的醫院檢查，交給原來幫妳接生的醫生評估最恰當。

不論如何，請各位媽媽們千萬別忙到忽略了產後回診，畢竟，照顧自己也是產後相當重要的事。

診 間 對 話

產後回診時……

淡定林：「子宮收縮都很好哦！已經回到骨盆腔了喔！大小也跟產前是一樣的了！可以再生一個了！」

慘後婦：「……」（白眼）

產後沒有生理期？開機行不行？

經歷生產之後，產婦的生理狀況會產生極大的改變，每個人恢復固定生理期週期的所需的時間也不太一樣，因此一直是許多產婦的疑問。前面曾經提過，生產之後需要約 6 週復舊期，按照標準週期規則而言，生理期應該會在產後 2 到 3 個月到來。

但由於持續哺乳，生理期來的時間就不太一定。這是因為哺乳會刺激腦下垂體分泌泌乳激素（prolactin），泌乳激素會影響讓生理週期可能會延後恢復正常週期，通常奶量在一天 500c.c. 以上的媽媽，生理期不會來，但當哺乳量越來越減少，降至一天奶量平均 300c.c. 以下時，生理期才會開始較有規則的報到。也因為如此，如果妳是奶量很不穩定，有時多、有時少的媽媽，生理期週期就會變得比較亂，原因是泌乳激素會抑止排卵，導致不規則。

而且在生理期剛開始回復之初，排卵週期還沒那麼順，前面 2、3 次的生理期也有可能不會太規律，有可能距離上次生理期不到半個月又來了，或者隔了 2 個月後才又來，也是很常見的狀況。

有些年紀較輕或是卵巢功能旺盛的媽媽可能不會受哺乳奶量的影響，一樣生理期規則的在產後 1、2 個月就來報到，即便母乳哺餵 1 年以上生理期也月月報到，這個可能就是天賦異稟了。

　　另外，談到生理期，很多人以為沒有生理期就不會懷孕，這是完全錯誤的觀念。有沒有排卵跟生理期沒有關係，所以即便生理期沒來，妳也可能受孕。我就曾經碰過 40 歲的媽咪做了好幾次試管好不容易懷孕生了大寶，人生就此圓滿了，哺乳了 6 個月，停了母乳覺得奇怪生理期怎麼還不來，結果一驗竟然懷孕，我超音波一看竟然已經 4 個多月，當下我們 3 個人立刻尖叫「天呀！怎麼會這樣！！」，人生從此雙倍圓滿了。

　　所以如果沒打算馬上接著生二寶、三寶，建議還是要做好避孕措施。不過，哺乳期間的避孕方法相當有限，不建議吃避孕藥，因為避孕藥中的荷爾蒙會影響哺乳。妳可以選擇保險套或是避孕器、避孕環也是可考慮的選項之一。

　　既然聊到避孕，產後多久可以「開機」也是不少人心裡的疑問，建議在產後滿月、惡露乾淨及子宮復舊完全，並於產後 4-6 週返院複診後再恢復性生活，能夠避免引起產後感染或子宮出血情形。不過以上是官方說法，我真正想提醒的是，由於生產傷口癒合之後的結締組織會比較硬，所以一開始動作請輕柔一點。有些媽媽可能會因為生產過後的陰影，或者是剛開始哺乳擠奶都快累死了，有時間寧可拿來睡覺，性慾降到冰點，這時另一半的體諒就很重要。

　　所以總歸幾句話，如果想順其自然有二寶，那就不用特別避孕，但如果想先好好的照顧大寶，那開機之後就要有避孕的準備。一旦決定要重開機，請務必在雙方都願意的狀況下，做足前戲，並且適時使用潤滑劑等等，才能讓產後開機更加順利喔！

　　至於生產後的經血量會不會改變？基本上，正常情況的自然產不會傷到子宮內膜，所以不會因為經過懷孕、生產後改變經血量。假如生產過後經血量有明顯變化，很可能是以下 3 種情況：

　　1.　懷孕前即患有「子宮腺肌症」，這是子宮內膜異位的一種病症。簡單來說，就是子宮內膜異常的出現在子宮肌肉層。子宮腺肌症會讓整個子宮呈現圓圓胖胖的狀態，加上吸收能力較差，會導致每次經血量較多。但是懷孕過程及哺乳期間不會有生理期，子宮腺肌症反而能夠因此獲得改善，之後經血量也不若以前多。這是一項正面的改變，而不是因為內膜有受傷。

　　2.　剖腹產的手術過程，可能造成子宮內膜癒合狀況不如預期，讓子宮內膜無法恢復原本產前的狀態，反而多了個凹洞，由於經血容易積在凹洞中，導致每次生理期會滴滴答答拖得很長，這種狀況很可能是子宮內膜沒有完全復原，此時請請教您的產科醫師，是否需要子宮鏡檢查，或是針對病灶處進行手術修補。

　　3.　生產時發現「植入性胎盤」，意即胎盤不正常緊密附著或穿透子宮肌肉層，在自然生產或剖腹生產時，沾粘的胎盤無法正常順利剝離娩出，此時需要外力將胎盤剝離，過程中若造成子宮內膜受傷，就有可能導致沾粘或經血量變少的狀況。

　　由此可知，生產後經血量的改變，不一定是好或壞，如果妳對於經血量的變化有疑慮，建議直接就醫，交給專業醫生判斷。

診 間 對 話

產後婦：「林醫師，產前吃的營養補給品是不是可以停了？」

淡定林：「營養補充為什麼要停？該停的是麥當勞啦！」

思宏的 OS：

孕期需要營養，產後更需要。所以營養補給品要繼續吃，甚至還要加量喔。

哎呀，惱人的產後掉髮

懷孕、生產讓會讓女性身體出現許多變化，產後落髮就是其中最惱人的一個。妳以前可能擁有一頭烏黑茂密的頭髮，現在洗個頭，頭髮會堵住排水孔；梳個頭髮，手一扯就一大把。不免讓人擔心，寶寶才剛出生，自己就禿頭了還得了？

這時候大多數的人會急著搜尋有沒有防止掉髮的洗髮精、生髮水之類，只要是安全合格的產品，我都不反對使用。但是，除了外用之外，我更建議妳從內補充營養，才能從根本進行改善。

請要先理解一件事，頭髮主要的組成成分是蛋白質，頭皮有那麼多的毛囊細胞，當然需要很多養分，包括葉酸或鐵質。懷孕過程中，身體會把這些營養素分配到最重要的地方，也就是胎盤，才能提供寶寶充足養分。

所以在我們的臨床經驗中，有大量孕婦產前已出現缺鐵、缺乏各種營養素的狀況，之所以還不會出現落髮現象，是因為多數人孕期間會吃許多營養補充品，剛好可以勉強維持身體的機能。

而且，懷孕的時候，身體會產生大量的雌激素，延遲頭皮毛囊代謝的速率，所以孕婦落髮的現象並不多，髮量在孕期間反而可能增多，只是不容易察覺。

但是，生產之後，雌激素下降，頭皮毛囊代謝的速率增加，再加上產後要產出母乳，平均一天擠出 1000-2000c.c. 的母乳，等於多消耗了幾百卡的熱量。如果此時沒有充足的熱量攝取以及營養品的補充，根本是在消耗妳本身身體的老本能量，整個身體都會處於缺乏營養的狀態。更慘的是，如果妳又選擇將營養補充品停掉不繼續吃，無疑是雪上加霜。

這時候，屬於快速代謝的頭皮毛囊就會首當其衝受到影響，產後落髮的問題就會立刻浮現。

其實每個人每天本來就會有平均 50-100 根左右的正常掉髮數量，而產後落髮其實也是一種因生理改變產生的現象。簡單來說，頭皮營養不良，導致毛囊不健康就會掉髮。雖然營養不良，但只要趕緊補給營養，通常落髮並不是不可逆的生理現象。

所以這樣解釋妳就清楚了吧，用抗落髮洗髮精？塗生髮水？其實都是治標不治本，治本的方式就是從改善身體營養狀況做起。

攝取充足營養的方式，除了平常的飲食之外，當然就是各種營養補充品。在很多人的觀念裡，孕期吃的營養補充品，到產前或者生產完後就不需要再繼續吃了，例如就有不知道哪來的謬論說，倘若生產前不停止吃魚油，會導致生產大出血。就邏輯上來說，這些理論實在相當荒謬，因為產後對營養的需求，實際上比產前更大，所以不只不該停止營養品的補充，甚至應該要更加量才對，倘若忽略了營養補充，產後的身體狀況有可能比產前還差。況且，吃營養補充品，不應該只是為了寶寶，更應該是為了妳自己，有了更健康的身體，才能好好照顧寶寶，不是嗎？

　　所以囉，除了不停上網搜尋保養頭皮跟防止落髮的偏方之外，我個人認為想改善產後落髮最關鍵的方法在於，必須持續補充營養補給品，特別是鐵質及葉酸，還有啊，要多出門走走、曬曬太陽，不要整天在月子中心冷氣房追劇。好的劇不會跑掉，但妳的身體健康，一刻都不能等啊！

難以啟齒的漏尿困擾

妳可能有看過幾個老派的廣告（我知道我知道，是聽說的），說明上了年紀的女性很容易打個噴嚏就漏尿，以前妳從未放在心上，更沒想過會發生在自己身上，但實際上，漏尿也是常見的產後後遺症之一。

漏尿通常發生在自然產的產婦身上，由於生產時擠出一個胎兒，可能導致尿道的角度改變，或者陰道前壁有點脫垂，使得逼尿肌的功能減弱，甚至是骨盆底變鬆，日後大笑或打噴嚏時就會出現漏尿狀況，防不勝防。

想減少產後漏尿發生的機會不外乎兩個，第一，胎兒不要養太大，第二，不要急產。不過，這兩件事往往都不是人為可以完全控制的，所以只能靠產後的照護跟修復改善。

有些媽媽會選擇墊尿墊或衛生棉，其實這是一個治標不治本的方法，與其抱著這種鴕鳥心態，不如正面改善問題根源。建議產後可以用骨盆束帶，幫助移位的骨頭回到原狀，並且多作凱格爾運動，以及沒事就利用肛門剪大便的動作訓練一下骨盆腔，或者小便時不要一次解放，趁機試著「hold 住」尿液，一次小便練個 3 次，這些小動作都有助於改善漏尿情形。

　　漏尿真的是一件很玄的事情，有時候就是尿道肌肉角度差那麼一點點就造成這種情況，一旦角度恢復，就像卡榫順利卡住，就可以防止漏尿。所以，有些人會選擇去整脊、整骨，其實不是沒有道理的，只要確定對方是合格的整脊師，我完全不反對妳去嘗試。

　　基本上漏尿的情況，應該會在產後復舊期後獲得改善，如果狀況還是很嚴重，由於產後漏尿屬於身體結構上的問題，建議以外科方式進行處理。例如陰道緊實雷射是常用於改善漏尿的一種手術。打個比方，這類雷射其實是用一種類似「燙小卷」的概念，收縮陰道上壁的肌肉，藉此讓尿道的角度恢復原狀，改善漏尿的情形。

　　但這樣的雷射手術改善的是表皮層，頂多影響到一點點真皮層，卻無法真的改善骨盆底的肌肉。為什麼要特別提這一點呢？因為有些人產後沒有漏尿，但可能在生產過程中，骨盆底已移位，年輕時還可以靠著骨盆底肌肉的協調性勉強撐住，一旦年紀大了，骨盆底肌肉也變得無力時，生產造成的問題就會浮現，這也是為什麼很多上了年紀的女性容易出現漏尿的狀況。所以，雷射手術無法完全徹底改善肌肉狀況，還是應該配合規律運動維持骨盆底肌肉的力量，從根源改善身體狀況，也能避免幾年之後突然出現漏尿的尷尬情形喔。

＼ 迷思破解 ／

陰道緊實＝性生活美滿？

　　所謂陰道緊實雷射，就是將改善漏尿的雷射手術調整適當的能量，擴及陰道整圈內部，讓這種類似「燙小卷」的力道更全面，收縮陰道肌肉，達到改善緊度的效果。

　　聽起來，陰道緊實雷射手術似乎是個一兼二顧的好方法，既可治療漏尿又可改善性生活。但是，更重要的觀念，產後性生活要美滿，不僅僅是陰道恢復緊實就好。除了規律運動，維持肌肉彈性之外，夫妻雙方也要盡可能維持產前的性生活品質，該作的前戲要作，該有的情趣要有，不能因為有了孩子就草草了事。

　　喔！最重要的是，可能還要記得將孩子抱遠一點，免得邊進行邊顧著注意寶寶有沒有醒來，反而更不盡興啊！

圖／艾莉絲熊

圖／粉粉（何慧玲）

一起當媽媽就不孤單！

媽媽也可以打扮光鮮亮麗，
為自己活出自信吧！

「醫生，我產後好忙，孩子的事把我一天 24 小時全部都占滿了，我一點自己的時間都沒有，連睡覺都沒有辦法，好累好累唷！」

這大概是我產後回診時最常聽到的狀況。沒錯，產後的生活真的跟產前很不一樣，雖然常常聽到的是抱怨居多，但孩子的一顰一笑還是讓妳忘卻所有疲勞。妳的身體狀況在產後 6 週應該會回到生產前的狀況，可能還多了幾公斤在身上，或是因為欠缺運動腰粗了一點，但真正最大的差別，是在於身上的「裝飾品」。

怎麼說呢？可能在懷孕的過程中，因為擔心影響到寶寶，妳的頭髮好久沒染了，眉毛也沒修了，甚至連化妝品保養品都很少再用了，除了寶寶的衣服用品外，妳自己的衣服也好久沒逛街採購了，這些改變其實不會影響到妳的生理狀況，但扎扎實實的會影響到妳心理的踏實感，雖然很多衛道人士可能會質疑我說男人不就是視覺動物，我們女人不是要妝扮給你們男人看的，但就我的臨床經驗，把自己打扮一下，妳自己的心情也會好很多。

　　給自己放個假吧！找個閨蜜、長輩、或是隊友顧個孩子，花個一下午的時間，找間美容院把自己頭髮整理一下，去逛個街採買一套合身喜歡的衣服，去做個全身按摩放鬆一下，去找朋友一起喝喝下午茶聊是非，或是買杯手搖飲都好，總之就是讓自己放空、跳脫一樣的環境，趁機放個風改變一下心情，會有出其不意的效果。

　　女人就是要對自己有自信，千萬不要總是覺得產後腰粗腿粗回不去了，這樣鑽牛角尖，就會永遠困在死胡同裡轉不出來。產後的妳是真的不一樣了，多了妳最愛的寶寶當然不一樣，無論如何要向前看，像我就覺得生過孩子的媽媽多了許多成熟女人的韻味，這是正向的改變，請接納這樣的改變，活出自信吧。

PART 5

第 60-100 天

不可逆的旅程——
做個不完美的快樂媽媽

出生 60-100 天的寶寶
發展觀察與照護重點

　　通常寶寶滿兩個月時回診打五合一疫苗及 13 價肺炎疫苗第一劑之後,再下一次的回診就是滿 4 個月的時候,不過在 60-100 天的期間,寶寶會有一些明顯的發展情況,妳和隊友可以仔細觀察,也更能掌握寶寶的生長狀況喔!

　　一般來說,雖然即將進入 4 個月後可以開始嘗試副食品,但 2-4 個月這段期間寶寶的奶量仍依照他的需求漸進調整,當寶寶吃完還在尋乳、或是好幾餐時間未到就提早哭哭,便是加奶的時機,基本上維持每次 150-180c.c. 即可。餵奶的時候,除了記錄寶寶的喝奶量,也可順便觀察寶寶的手腳發展狀況。因為這時候的寶寶吃奶時,即使還是由妳拿著奶瓶,但妳會發現寶寶的小手開始會自己張開,摸來摸去地探索世界,兩手往中間伸,好像想去碰奶瓶,或者會開始認真觀察著自己的手手,用嘴巴來認識自己的小手小腳。

　　有些沒有吃奶嘴習慣的寶寶還會開始吃手,這是一種他用來安撫自己的方式,表示神經系統越來越成熟,寶寶開始能處理自己的情緒。只要沒有嚴重的皮膚發炎,其實可以不必強迫禁止,

萬一寶寶真的太依賴吃手，再慢慢戒掉即可。

除了開始認知自己的手腳，寶寶的脖子開始越來越硬，手臂力量也會越來越強，基本上趴著時，手肘可以撐起身體、抬頭到近 90 度，有點類似瑜伽伸展的姿勢。我在診間看過一些天生慵懶的孩子，手很容易沒力氣，上臂部肌肉也較弱。建議在家妳可以嘗試訓練，讓寶寶趴著，當他想起身時，切記不要出手相救，放手讓他自己稍微掙扎一下、用手撐起來。只要循序漸進的訓練，寶寶的上臂肌肉就會越來越強。

有些進度超前的寶寶，此時可能正默默鑽研翻身脫逃的技能，某一天就突然翻身過去了，嚇得爸媽吃手手。不少爸媽是在寶寶翻下床或沙發，哇哇大哭後，才驚覺寶寶怎麼不到 3 個月就會翻身！一旦發現寶寶會翻，就要開始注意周遭的安全，鋪地墊、移開會撞到的家具，讓寶寶有個開心翻滾的空間。

另外，寶寶滿 3-4 個月左右，最明顯的發展情形就是會「笑」。妳可能覺得很奇怪，寶寶不是一出生就會笑嗎？這裡指的是「有意義的笑」，就是逗他、搔他癢、甚至對他笑的時候，寶寶也會笑，咿咿啊啊的回應妳。因為大部分寶寶剛出生的笑，都不是真的，可能只是神經的反射動作而已。

我們時常在月子中心看到有人興奮地説「寶寶在笑！」，其實都是大人在自 high 啦，不過這也無所謂，反正寶寶的笑臉本來就是數一數二療癒的畫面。而且可別小看寶寶的笑容，會不會笑，是滿 3-4 個月的評估重點之一。所以妳可以試著逗寶寶笑，如果寶寶毫無反應，需要儘速就醫評估發展狀況有沒有異常。

　　這個時期的寶寶，因為不再只是「活在自己的世界」了，會對爸媽的聲音更有反應，也開始會辨別大人的聲調及表情，聽到開心的語調會笑、會手舞足蹈，不開心的時候會扁嘴哭哭。由於寶寶的認知開始發展，可以開始讓他看較為複雜圖型及顏色的圖卡和故事書，都有助於刺激神經視力等發展。

　　另外一個需要特別注意的重點是，如果寶寶有異位性皮膚炎的過敏基因，通常滿 2 個月後會開始出現症狀。異位性皮膚炎最大的問題就是皮膚保濕能力不佳，導致皮膚顯得粗糙無光澤、甚至有一顆一顆的小疹子，建議使用比較低刺激的專用沐浴用品幫寶寶洗澡，避免使用肥皂，也不要用太燙的水。除了避免過度清潔之外，皮膚的保濕也相當重要，洗過澡後可以幫寶寶擦上溫和的乳液或凡士林。假如寶寶的皮膚狀況比較嚴重，以上的保養方式都做了仍不見改善，當然還是建議請小兒皮膚科醫師評估如何調整，進行後續的追蹤治療。

　　由於異位性皮膚炎的照護較為麻煩，異位性皮膚炎過敏基因檢測也是一個篩檢寶寶會不會有異位性皮膚炎很好的方式，在寶寶出生第一天便可立刻採檢，越早檢驗，便可越早得知結果，爭取更多時間做足預防工作，通常只要有提早預防，平均可以降低 3 成左右的嚴重症狀。

　　最後，這期間的寶寶每天的睡眠時間大約是 14-15 小時之間，如果之前已經開始訓練規律作息，有些寶寶在此時期早就可睡過夜啦。（我已經聽到爸媽的歡呼聲了！）我常比喻寶寶的睡眠就

像搭電梯下樓又上樓，由地下 1 樓昏昏欲睡，到地下 2 樓淺睡眠，再掉進地下室 3 樓深睡眠、地下 4 樓非常深睡眠，又回到地下 2 樓淺睡眠，然後進入快速動眼期。這樣整個睡眠週期大約 45 分鐘，整晚下下上上一再反覆。而不同的睡眠狀態心跳呼吸會有些變化，深睡眠時體溫降低、心跳變慢；快速動眼期時正在整合白天的學習記憶，手腳常出現抽動，呼吸常有 5-10 秒暫停、接著 10 秒快速喘氣。從深睡眠回到淺睡眠時，也特別容易驚醒。但到了 6 個月後，呼吸暫停的狀況會明顯減少；熬到 8 個月大，深睡眠發展的越來越成熟，寶寶安穩睡到一動也不動的時間會越來越長，媽媽晚上追劇的美好時光就指日可待了！

可不可以，不要餵母乳了？

這樣的問題，其實是很多產後媽媽內心百轉千迴的疑問，讓我先幫忙自問自答一下。

Q：可不可以不要餵母乳了？

A：只要妳方便、開心，有什麼不可以？因為母乳雖好，但絕對不是唯一選擇，不要讓「全母奶才是母愛表現」的迷思成為累垮妳的稻草。

對多數媽媽來說，餵母乳是一種天性與使命，而且部分媽媽會有堅持給寶寶「最好的」母奶的執著，但其實現在的配方奶多是按照母奶成分製造而成，還會額外添加營養素，營養成分一點都不亞於母乳，我認為以配方奶取代母乳也是一種恰當的選擇。所以一旦餵母奶與妳的生活作息、步調相違背時，真的務必量力而為，沒有必要為了「只有母乳才營養」而勉強自己。畢竟，是否能一直餵母奶，不是單憑妳一人的力量可以決定，得靠天時、地利、人和。

天時，指的當然就是老天爺有沒有給妳豐沛的奶；地利，是妳的時間體力，或工作環境有沒有辦法持續擠奶哺餵；人和，則是例如妳想繼續在上班後抽空擠奶，可是公司的同仁在工作上是

否有辦法幫忙協助，是否是一個母乳哺餵的友善環境，會不會造成很多的心理壓力？所以說，想餵奶還真的得看周遭環境和人事物能否配合呢。

其實我前面就曾說過，母乳這條路踏上了，喊卡也不會怎麼樣。而且，本來就不是每個媽媽都如妳想像能親餵到小孩1、2歲，完賽這場母乳馬拉松。根據我的經驗，以下這3個時間點尤其是放棄餵母乳的高峰：一是剛生產完，因為真的無法擠奶，直接果斷放棄；二是產後1週太累、擠奶不順，選擇不餵母乳；第三則是產假結束，重回工作崗位的時候，因為各種外在因素而停餵母乳。

為什麼呢？想像一下，產假時在家親餵很方便，衣服一掀就可以餵寶寶，但是一出門就很麻煩，時間一到得忙著找哺乳室，公開哺乳又怕引來側目；直到開始上班後，擠母奶要考慮的又更多。也許早上出門前或下班回家後，還可以親餵幾次，但上班時妳必須帶著擠乳器和保存容器，公司不一定有完整的時間或場所讓妳好好擠奶，妳可能也無法像在家裡一樣那麼「搞剛」，好好按摩、休息，通常只能草草了事，久而久之，奶量就逐漸減少。連坐辦公室都不一定能好好擠奶了，更何況是需要在外奔波的職務，甚至是必須時常出差的媽媽，就更難維持哺餵母奶了。

再說，母奶雖好，也不可能餵到寶寶18歲，從4個月開始，寶寶就能開始吃副食品，對母乳需求會略為下降，接近1歲的時候，便慢慢轉換為以自然食物為主食。總有一天，寶寶會不需要

再喝母乳，只是早晚罷了，所以請把這個重要的觀念放在心裡：放棄母乳不是一件罪惡的事。

如果妳是因重返工作崗位而不方便再繼續餵母乳的媽媽，建議可以採用以下循序漸進的方式讓寶寶適應，免於承受太大的分離痛苦，而依舊能保有依附的感覺。

從全親餵改為瓶餵（不管是母奶或配方奶），我們可以參考國外醫學的建議：本來全母奶哺乳一天平均吃 8 餐，每隔 3 天便把其中 1 餐改為瓶餵，慢慢減少親餵的次數，1 週少 2 次親餵，1 個月後便可以完全戒掉親餵，當然這個慢慢減少親餵的時間也可以視寶寶的適應狀況拉得更長一些。

因為這種方式至少需要 1 個月，建議妳可別到產假結束前 2 天才急著想要不要換配方奶，可以提前一小段時間開始規劃，並且事先了解工作場合有沒有擠乳室，評估上班時間有沒有空檔可以擠奶，或是詢問有經驗的同事，都能幫助妳判斷該不該繼續餵母奶。

開始以瓶餵取代親餵的時候，妳恐怕會感覺到一些挫折，或是覺得可惜，好像少了跟寶寶建立親密感的時光。我的想法是，餵母乳的確會讓母子感到緊密連結，但日常生活中也可以培養無可取代的親密感。建議嘗試停餵母奶的過程中，即使下班很累很煩，也要多抱寶寶，或者是將他抱在懷裡瓶餵，甚至選擇僅在睡覺前親餵一餐。這樣一來，能減少寶寶的被剝奪感，讓他們不會感覺跟媽媽瞬間變得很疏離，妳的心理也會覺得舒坦許多哦。

走吧！寶寶我們出門去

　　寶寶出生後，妳是否足不出戶待在家裡呢，因為深怕寶寶因為外面環境的細菌而生病，搞得育嬰像是關禁閉，哪兒都不能去。寶寶還小沒感覺就算了，但妳的心思想必早就飄到電影院、百貨公司、和閨蜜來場下午茶餐會，很想出去放風。

　　說真的，孩子沒妳想像中那麼脆弱，如果平常有攝取足夠的營養、按時施打疫苗，其實寶寶一出生就可以帶出門；如果妳為人比較保守，那等孩子滿 3 個月，再多注意以下幾個重點，基本上更是沒問題的。

　　首先，寶寶還小的時候盡可能不要去人太多的地方，可避免口沫傳染疾病，例如大賣場或迪士尼（帶滿 3 個月的寶寶去迪士尼應該也很累人），盡量選擇通風良好的戶外，去曬曬太陽、呼吸新鮮空氣，對身心發展都是很不錯的事情，而且，有別於家裡的環境，也能夠刺激寶寶的腦部發育。反而是長時間把寶寶關在家裡、室內，未必對健康或發育有幫助，還有可能造成維他命 D 缺乏。

　　維他命 D 是人體很重要的營養素，有時我們會建議使用滴劑滴在媽媽的乳頭上，或者泡奶時加一滴，替寶寶補充維他命 D

（400iu ／天）。但最天然的維他命 D 來源，當然就是曬太陽囉！寶寶出生 3 到 4 週後，就可以開始讓他到戶外曬曬太陽，一次約 5-10 分鐘左右，適當的日照不僅能增強寶寶免疫力，同時也可促進新陳代謝，有助於骨骼發育，好處多多。

而雖說家裡本來就不是完全無菌的空間，但外頭的細菌或病毒總是比較讓人擔心，建議妳帶寶寶外出時可以隨身攜帶消毒、抗菌的產品，如果不知道該挑選哪個牌子，可以直接選用 75% 的酒精，這也是醫療院所最常用的消毒方式。

除此之外，出門在外總是不比在家裡方便，除了準備大包小包的用品，也要稍微注意餵奶的時間，另外也建議盡量讓寶寶躺在提籃或推車裡，避免長時間直立坐著。

有許多媽媽會困惑，究竟能不能帶還小的寶寶搭飛機？實際上，一些長期旅居國外的媽媽回台生產之後，滿月就立刻帶著寶寶搭飛機回旅居地了；或者妳應該也聽說過一些媽媽特地到美國生產之後，也是 2 週到 1 個月左右就回國的例子。再者，這些人都是挺著肚子搭飛機出國或回國，所以差別只是寶寶在肚子內或是肚子外面，其實沒有甚麼差異，最大的差別就是在肚子外面必須要有護照（笑）。從出生之後如果立刻辦理護照最快也需要 7-10 個工作天，所以原則上，寶寶搭飛機本身身體狀況是沒有任何問題的，當然更不用擔心飛機的艙壓會影響寶寶，影響的時間點取決於何時拿到護照就可以啟程。

只不過，搭飛機難免會造成耳朵痛，如果發現寶寶在起降時

哭鬧特別嚴重，不必多說，直接抓起來餵奶就對了！因為吞嚥的時候，會讓耳咽管打開，降低耳朵痛症狀，寶寶就比較容易被安撫，妳被隔壁乘客白眼的機率也會降低許多。

我想，很多媽媽應該都願意帶寶寶出門甚至出國玩，只是一有這念頭，就會招來旁人碎嘴：「這麼小帶出國，什麼都不記得很浪費！」、「帶嬰兒出門根本就不用玩啦！」

但換個角度想，當寶寶還在妳肚子裡時，妳也曾帶著他一起拍孕婦寫真，一起在同一面牆前拍攝記錄逐漸隆起的肚子，曾經帶著他去婦幼展、到媽媽教室上課、去四處血拼⋯⋯，這些珍貴的記憶，肚子裡的寶寶同樣永遠不會記得，但這些親密的連結卻深植在妳心中，即使寶寶出生了，妳也不會忘記。

同樣的，即便寶寶出生後，妳出門可能得大包小包汗流浹背、可能一天只能去一個景點、可能會在各種交通工具上被其他旅客翻白眼⋯⋯，而且孩子一樣記不得這些旅程，但，那又如何？這是妳一輩子珍貴的記憶，可以跟好多人分享的親密回憶（好吧，妳要說是夢魘也行），當然，之後的日子，妳也可以說給自己的孩子聽。他還記不得的，有妳幫他記得。

都說成這樣了，妳還不趕快打開網站訂房間嗎？適當出門走走，讓生活中有點小期待，也能使妳的育兒生活更開心喔！

診 間 對 話

焦慮媽：「醫生，寶寶剛滿 3 個月，可以帶出門嗎？」

淡定徐：「可以啊！」

焦慮媽：「那可以出國嗎？」

淡定徐：「可以啊！」

焦慮媽：「寶寶坐飛機，腦袋會不會爆炸？」

淡定徐：「寶寶的腦袋不會爆炸啦，但旁邊的乘客可能會被吵到爆
炸⋯⋯」

寶寶不舒服時這樣做

孩子的健康，永遠是爸媽最在乎的事，尤其寶寶還不會說話，遇到許多特殊狀況不舒服時只會哭，看得爸媽心疼又手足無措。某些症狀出現時，到底該直奔醫院？還是正常現象？往往都讓爸媽傷透腦筋，以下列出幾種常見的寶寶特殊狀況，有助於判斷如何提供最適合寶寶的處理方式：

感冒

滿 3 個月前後，大部分的寶寶會開始被帶出門，剛開始接觸外在環境可能比較容易感冒。寶寶如果感冒，往往不會有明顯咳嗽症狀，反而是會產生比較多鼻涕，同時會有呼嚕呼嚕的鼻塞聲。

輕微感冒時，還是建議讓醫生評估，但如果真的挪不出時間，通常在家也可用醫療院所給的吸球幫寶寶吸鼻涕、照常喝奶，不必要因為怕他冷把全身裹得緊緊的，睡覺後就會逐漸康復，不一定需要藥物治療。另外，寶寶鼻塞時，胃口會比較差，喝奶量會減少，可考慮用分段的方式餵，減低寶寶吸奶的負擔，又可提供充足營養。但如果出現有發燒的現象，就一定要回診給醫師檢查。

呼吸道問題

有時候寶寶感冒後期，因為鼻道很小，容易殘留鼻涕，有些診所判斷為過敏，事實上應該都是感冒。

因為過敏性鼻炎等呼吸道問題，通常要等到滿 1 歲之後才會變得明顯，1 歲之前的寶寶，往往都是由於感冒而連帶影響呼吸道，只要按照一般感冒的治療程序即可。

發燒

關於發燒，請妳拿起螢光筆標記接下來這句話：**寶寶滿 3 個月內，一旦發燒，務必立即到醫院。**

因為這時期的發燒，有可能是由產前感染所引起，而不是單純的感冒發燒或者衣服穿太多，當然小兒泌尿道感染也是一個很可能的原因，所以必須回診由醫師檢查評估。雖然產前感染的機率並不高，但若沒有儘早發現進行治療，容易引起併發症，請千萬不要掉以輕心！

腸胃道

大概滿 3 個月後，寶寶的腸胃道發展得更好，比較不容易因為腸絞痛而哭，取而代之的是，因為手常常摸東摸西又放進嘴巴裡，導致腸胃炎拉肚子，紅屁屁的狀況也會更嚴重。

當寶寶拉肚子時，可以試吃一點益生菌，觀察有無好轉，假如已經出現水瀉、或連續拉了 7、8 次，還是建議直接就醫，有可能需要以藥物治療，或者評估要不要換無乳糖配方奶 1 至 2 週，等腸道修復，恢復製造乳糖酶，乳糖吸收沒問題，就可以換回原

本的奶。特別提醒，益生菌品牌眾多，最好請教醫師或認明大廠牌再行購買。

便秘

　　剛出生的寶寶常常一喝奶就刺激腸胃蠕動，邊吃邊大便是常有的事。滿月之後，腸胃道則越來越健全，大便次數不再像剛出生時這麼頻繁。加上若作息及環境改變，例如出去玩，或者換了照顧環境，就會影響大便的規律，甚至導致便秘。

　　那麼，寶寶多久沒大便就有可能是便秘呢？原則上，喝配方奶的寶寶超過 3 天沒大便，或者大出一顆一顆的羊大便，就算是便秘；而喝全母奶的寶寶，因為母奶好吸收，如果超過 1 週沒大便，才視為便秘。

　　寶寶如果有便秘的狀況，妳可以試著順時針按摩他們的肚子，因為寶寶還不太會用力，按摩就像幫他用力；或者以棉棒或肛溫計沾凡士林從寶寶肛門進去繞一繞，放鬆肛門，大便就比較容易排出。

　　假如還是大不出來，建議帶寶寶到醫院檢查，如果腸胃結構沒問題，有可能是配方奶成分不適合寶寶腸胃，可以考慮換其他牌子的配方奶，或者食用醫院提供的益生菌。

消化不良

　　當寶寶奶量增加，排出來的大便裡可能會有一顆一顆黃黃的、好像沒消化完的東西，這是正常的狀況。喝母奶的寶寶因為母奶成分好吸收，大便中通常不會有渣渣，配方奶就可能會殘餘一點。

如果一直以來都是同個牌子的配方奶或餵母奶，喝奶狀況良好，基本上是沒有大礙的。

門診時較常見的反而是寶寶「膨風」，也就是脹氣。其實寶寶的肚子本來就比較鼓，可以先觀察，如果寶寶沒用力時，肚子軟軟的就沒問題，如果放鬆時壓起來硬硬的，那就有可能是脹氣。

妳同樣可以順時針按摩寶寶的肚子幫助寶寶排解脹氣，不過要注意的是，早期很多家長習慣用薄荷口味的脹氣膏，但由於薄荷成分會抑制神經發展，建議不要使用在寶寶身上，可以直接用乳液或寶寶專用的按摩油即可。

寶寶受傷了怎麼辦？

　　有了孩子以後的人生總是有許多讓人措手不及的突發狀況，就像妳永遠猜不到他什麼時候會噴屎，也永遠料想不到，他就是會在妳離開視線的那短短 5 秒，從床上或沙發滾下來。

　　那如果寶寶滾下床了，該怎麼辦？趕快抱起來啊！不然咧！

　　好啦，說正經的，大部分寶寶都至少 5 個月後才會翻身，之前我還會半開玩笑說，如果太小就因為翻身摔下沙發，可能要懷疑是家暴。不過，近幾年寶寶發育較快，也不乏 3 個月就會翻身的例子，別擔心來看診就會被通報家暴啊！

　　坦白說，不小心讓寶寶摔到地上的狀況還真不少，門診每隔 1、2 週就會出現這樣的狀況。其實絕大多數都不嚴重，畢竟爸媽也不會沒事把寶寶放在太高的地方。

　　所以囉，在寶寶還不會走或爬的時候，從床或沙發上滾下來，先不要太慌亂，也不要自責大哭，更不要忙著指責照顧者為什麼這麼粗心大意。請看清楚寶寶是正面還背面著地，大概是從多高的地方摔下來，以及地板材質等等，這些都是萬一需要緊急看診時會詢問的問題，作為醫生判斷寶寶傷勢的依據。

　　然後，如果狀況不太嚴重，妳可以先檢查有沒有瘀青，沒有

明顯外傷的話可以繼續觀察。有些寶寶滾下來後，那幾天會變得比較愛哭鬧，但如果喝奶量正常，也都有起床玩、活動手腳，沒有其他異狀，原則上就沒有大問題。

但是！如果出現不斷嘔吐，或者囟門摸起來澎澎的，或者寶寶出現嗜睡、過份躁動，甚至喝奶量驟減等症狀，就有可能是有腦出血及腦壓過高造成的，都務必趕緊送醫院急診。如果寶寶沒有出現這些現象，先不要自己嚇自己。

我明白當孩子摔著了、受傷了，妳一定緊張得要命，如果不確定自己的觀察判斷是否正確，這時與其上網爬文、拍照片丟嬰兒群組詢問，然後越看越驚嚇，還不如直接就近找醫師評估，畢竟我們醫師的有一部分的職責，就是要安定爸媽的心。

醫師除了詢問寶寶受傷當下的狀況之外，通常會摸摸看有沒有骨折，觀察關節活動力跟肌肉張力，如果有非常輕微的腦部出血，其實是會自行吸收沒有大礙；但假如擔心大量或持續出血，也可以為寶寶進行超音波檢查，只要超音波檢查無異常，接下來就多觀察寶寶的精神活動力即可。附帶一提，超音波是沒有輻射的，請放一百二十個心！多做不會對寶寶有任何影響。

曾在門診時遇過媽媽說，明明寶寶完全還不會翻身，只是把他放在沙發，視線離開一下下而已，下一秒寶寶就滾下來。這種莫名其妙的經驗，可能許多新手爸媽也有遇過，我想，我們恐怕永遠也想不透寶寶是怎麼滾下來的，比起自責或是怪罪他人，最實在的方式還是多做一些防護措施，小心再小心喔。

寶寶上課啦！
游泳、瑜伽、按摩，參不參加？

　　有時候覺得，現代的寶寶也是挺忙碌的，除了喝奶、睡覺、炸屎兼溢奶之外，出生沒多久還可能要開始上游泳課、瑜伽課呢。關於寶寶的課程非常多，其中 1 歲以下的寶寶最常見的適用課程就是游泳、瑜伽、按摩。關於這些課程，我完全不反對孩子參加，因為小孩本來就需要活動。例如現在最熱門的游泳課，除了可以訓練寶寶四肢協調之外，還因為寶寶本來就是待在羊水裡，泡水其實也能帶給他安撫的感覺。

　　當然啦，上游泳課，最重要的就是注意安全，一定要確定當場一對一照護，才能避免危險。此外，很多爸媽希望孩子不能輸在起跑點，但可別連寶寶游泳課都抱有這樣的想法。寶寶學游泳，立意不在於 3 個月後化為水中蛟龍，10 歲入選奧運隊，而是從玩水的樂趣之中，給予發展中的寶寶多點刺激。

　　而不管是游泳，還是瑜伽、按摩，這些課程的重點都在於刺激寶寶的感官與認知能力，活絡腦部神經發展，同時藉由一些肢體的伸展或用力，訓練寶寶的肌肉。而且，這些課通常都是親子一起參與，無形之中也可以增加親子間的接觸，培養親密感。

　　可別看到這裡就準備立刻手刀報名，我還是想提醒妳要量力而為，視經濟狀況再決定。而且，都沒有上過的課程，一定要先試上或是購買單次的課程上個 2、3 次確定沒問題再購買多堂課程的組套，或是問問其他媽媽的經驗，確定值得再去試試看，不要一時衝動就買了一堆課程後都沒去，還有跟其他同齡的媽咪們一起合購課程也是省錢的好方法。

　　而且，上課不是訓練寶寶的唯一方法，有些事情其實是妳和寶寶在家裡就可以一起進行的。例如買些玩具，放音樂陪寶寶邊玩邊聽，或者念故事書、看圖卡，能刺激寶寶發展；或者是在家幫寶寶洗過澡後，輕輕的幫他按摩，按摩的重點在於增加妳跟寶寶的肌膚接觸，帶給寶寶安全感及親密感，而且，這樣的肌膚接觸並不只是對寶寶有益，同時也能放鬆妳的心情，成為妳跟寶寶溝通的方式。

　　所以，要不要上課、需不需要上課，都端看你們自己決定。最重要的是別吝於帶寶寶出門，更別將他關在家裡。只要定期接種疫苗、平時營養充足、出門時多注意口沫傳染疾病，即使是去河濱公園遛小孩，不花錢也能達到類似的效果。

　　再說，很多媽媽產後心情不好，時常跟寶寶關在家裡做困獸之鬥，無疑對情緒沒有任何幫助。不管是陪寶寶上課，或是帶著孩子出門放風逛逛、曬曬太陽，就另一個角度來看，其實也是為了爸媽自己的身心健康著想喔！

不要無限放大別人口中無心的一句話

　　這真的真的非常非常重要！！！

　　從照顧寶寶的第一刻開始，就會有很多朋友、長輩、甚至網友會傳授給妳很多育兒的祕方，多方參考當然沒有問題，但不要把別人無心的一句話，無限制的放大，搞到自己整天魂不守舍，整個步調大亂。

　　舉個例子來說，別人一句：「哎呀，妳這樣晚上奶好像餵太少了，要多吃一點？」

　　明明是很常出現的狀況，卻會在妳心裡掀起很多漣漪……。

　　「我是真的餵太少了嗎？」
　　思宏 OS：妳不一定有餵太少，可能只是她隨口說說的。

　　「所以這樣真的是少？」
　　思宏 OS：要觀察寶寶的尿量，足夠就是正常。

　　「那要加多少才算夠，才算剛好？」
　　思宏 OS：到這步妳可能已經相信妳真的餵太少了。

「那我之前都餵太少對孩子的健康會不會有影響？」
思宏 OS：好，妳的靈魂已經被這句話完全綁架了！

「天呀！我好對不起孩子，我連餵奶都餵不好……」
思宏 OS：……。

　　沒錯，這就是非常常見的對自己的照顧沒有信心的狀況，別人的一句話可能影響妳好長一陣子。放下吧！妳的孩子妳最清楚狀況，我們還是要掌握孩子最基本的判斷標準，如果孩子不舒服，他的進食量會減少、尿量會減少、活力會下降，反應也會跟平常不一樣，如果這些都沒有出現，那妳之前的照顧模式就沒有太大的問題。

　　老話一句，照顧孩子的方式沒有標準答案，都是開放性的申論題，不是是非題，沒有絕對正確，沒有完全錯誤。試著不要太在意別人無心的一句話，妳的育兒之路會更輕鬆自在。

完美父母是一種迷思，
當個差不多媽媽就好

　　我常跟媽媽們強調，不要過度迷信於社群網路上的教養文章，有太多親子部落客、網美只會展現完美的育兒生活方式的一面，妳看得越多，給自己的壓力就越大，希望自己也能做到如此完美無瑕。

　　可是妳忘了，網路上的圖文都是篩選出來的內容，妳不會知道其實完美照片背後的真實生活是否如此完美。或許更正確的說法是，這世界本來就沒有完美的人、完美的父母，即使真的有完美的父母，也未必能教出一個完美的孩子，我們只能把好的一面展現給孩子，其餘的讓孩子自由發揮。再說，我們又如何定義「完美父母」？也許妳可以在經濟上提供完美的協助，但未必有時間陪孩子；也許妳可以有完美的教育方式，但是他不一定接受妳的這種方式……。

　　而且，過度追求完美、希望孩子好的父母，很容易變成操控孩子一切的虎爸虎媽。如同俗語說「嚴官府出厚賊」，孩子不喜歡被管，妳抓得越緊，只是將他推得越遠，同時也將自己步步逼入絕境，這種支配或佔有會讓親子雙方都痛苦不堪。

　　試著想想看，妳有沒有特別欣賞的人？再去想想，他們的父

母真的都是完美的、亦步亦趨跟著孩子的嗎？當妳意識到這點，就會發現，孩子需要的不是完美的父母、不是「我是為你好」，而是願意放手、給予信任及愛的父母。

心理分析大師佛洛姆曾說，一個真正愛著孩子的母親，是願意承受與孩子分離，並且在分離後繼續愛著孩子的。請放下完美父母的迷思吧，學會放手，不代表不愛孩子或是不理孩子，在必要的時刻，父母理當要盡教育孩子的義務，但在生活中，不妨試著把孩子當做自己的兄弟姊妹般對待。因為妳不會干涉兄弟姐妹幹什麼事，他們交了男女朋友，妳不會立刻要他們分手免得影響功課；他們有了煩惱，妳不會像個老媽子碎碎唸，而是給予客觀的建議，陪他們釐清自己的困惑，對孩子如果能夠這樣，那你就真的進階到「差不多媽媽」了。

更何況，適時放手不只對孩子有益，也對自己有幫助。當妳想當個完美無瑕的爸媽，便會處處小心翼翼，戰戰兢兢，給自己超大壓力，生活一點也不快樂。學著放手的途中，妳會看見世界的另一面，而不是只將眼光鎖在孩子身上，而且，妳的愛並不會中斷。這樣的愛，既舒服又自由，大家都有足夠的空間做自己。

所以，親愛的，妳的愛應該要分成三等份，愛孩子、愛老公、愛自己，而不是將愛百分之百都押寶在孩子身上。否則，如果有一天，孩子不是百分之百如妳所想像的乖巧聽話，妳很可能會徹底崩潰。

而且就現實層面來說，現在妳懷裡那個軟軟、小小的孩子，

吃飯、上廁所、洗澡都要靠妳的孩子，他們在幾個月、幾年之後
對妳的依賴只會逐步減少，妳不在旁邊，他也能夠自己吃飯、自
己上廁所，接下來，他會去上學，有自己的朋友，有自己的小秘
密……。

　　父母不可能幫孩子打理一切直到他 50 歲，就算血濃於水，
彼此還是獨立的個體。唯有適時放手，彼此才有扮演好自己角色
的可能。假如父母始終學不會放手，孩子便無法擁有自己的人生，
他永遠只是父母的影子，而不是他自己。永遠乖乖聽父母話的孩
子，不過就是媽寶，妳自己都怕嫁給媽寶了，何苦要再養出一個
媽寶呢？

　　其實，有時候妳對於孩子的不放心，源頭其實是對孩子的信
任感不夠。不確定他有沒有勇氣面對挑戰，不確定他有沒有智慧
做出正確的選擇，於是急著幫他排除困難、急著幫他作決定。而
有時候，妳對孩子的過度期望，源頭則是孩子似乎可以彌補自己
成長過程的缺憾。例如，「我小時候想學鋼琴都沒錢，你現在有
機會學還不給我好好彈！」、「我因為受傷才退出球隊，你好好
加油，一定能成為比我偉大的球員！」

　　可是，妳或許忘了，孩子有他自己想走的方向，父母自以為
鋪設完美的道路，對孩子來說無疑是個牢籠。「不要讓孩子輸在
起跑點」這句老話其實並不正確，贏在起跑點又如何？人生是一
場馬拉松，笑到最後才是贏家，況且，孩子真的想贏嗎？多數時
刻，那不過都是父母的虛榮心作祟罷了。

　　愛孩子，不是幫他規劃一條康莊大道，而是讓他有智慧選擇

適合自己的路。並且在他需要情感支持時，全力的幫助他、愛他，讓他成為一個被愛著卻又能獨立思考的大人。

當一個願意放手與信任的父母是需要練習的，也許妳偶爾可以試著將他交給別人照顧 2、3 天，跟老公安排一個小旅行，途中妳可能會很想他、很掛念他、無時不刻想跟他視訊，但這就是你們之間的課題。

雖然成為「差不多」的父母並不容易，雖然學會放手的途中會有很多掙扎與矛盾，但如果妳能在產後 100 天就看破這些事情，或許妳的產後 100 個月就能過得更自在快樂喔！

圖 / Ruby、Bruce

圖 / Sarah、Stone

圖 / 波妞媽咪

 生養孩子是一段未知的人生旅程，妳能做的，就是在這段路途中保持快樂，好好珍惜身邊的隊友、好好愛孩子，讓家成為最溫暖的避風港。

媽咪不辭職

每當產假結束，究竟要趕緊回去上班，還是乾脆請育嬰假，或辭職在家專心顧小孩，是許多媽媽難以取捨的矛盾難題。我想說的是，有的人樂意全心陪伴孩子成長，追求另一種層次的心靈滿足感；有的人很愛孩子，但依舊想要工作、想要追求夢想。不管哪個決定都沒有是非對錯，只要妳心甘情願，就是好的決定，而最糟的決定則是「沒有選擇」。

這是什麼意思呢？時常聽到有些媽媽說：「沒辦法啊，孩子沒人可以照顧，我只好辭職帶小孩。」我相信對於某些新手媽媽來說，辭職是一個痛苦的決定，為了照顧孩子只好放棄夢想、放棄職涯規劃、放棄工作的權利。

妳或許會認為，這些當起 24 小時的媽媽，不用上班看老闆客戶臉色，還順便兼職經營寶寶粉絲團，看似很愜意。然而，臉書是一個隱惡揚善的社群網路，顯露出來的許多育兒過程看起來十分美好，卻不真實。因為有些「不是那麼美好」的事情曝光，將會引發一連串漣漪效應，所以分享有太多顧忌。久而久之，這些全職媽媽們變成不好的事情不敢講，壓力全自己扛，也很少談論心靈深處的真實感受，其實那些情緒殘酷到連自己都不敢觸碰，只能一昧壓抑。

　　所以，面對究竟該繼續工作追求理想，或是當個全職媽媽的選擇題，只要自問一句話：「是心甘情願，還是現實所逼？」我想，妳自己就會有答案。千萬不要有「我不顧誰顧呀」的念頭，一旦這樣想，養育照顧小孩的責任就真的讓妳一個人犧牲、一個人扛了！

　　沒錯，小孩的確需要人照顧，但不一定只能由媽媽一肩扛起。假如妳還想擁有自己的工作、成就，那麼工作與帶孩子之間就該有平衡點，可能需要保姆、托嬰，或是家人協助照顧，沒有絕對好或不好的選項，端看妳的負擔能力。

　　有些人或許會說，假如媽媽月收入只有 2 萬 5，花錢請保姆不如自己帶。但我認為，只要妳喜歡妳的工作，即使賺來的薪水必須全部付給保姆，其實也是一個很好的選擇。因為妳用妳的時間，做喜歡的事、賺到固定薪水，比全心全意帶孩子能得到更多成就感。表面上看起來，這份薪水根本是左手進右手出，但妳獲得的個人時間及成就感，都是無法用金錢衡量的。

　　而且坦白說，當全職媽媽仍有一定的風險存在。當妳逼不得已放棄工作，讓老公專心拚事業，一年又一年過去，老公一路高升，薪水越來越高，但妳的收入一直是零。尤其當妳的天地只剩下老公跟小孩，世界就越來越小，久而久之，妳可能會找不到自己的價值，一旦與老公出現嫌隙，爭吵時還會發現兩人的地位很不對等。

　　沒錯，很不公平，全職媽媽這麼辛苦，但是帳面上並沒有一項全職媽媽的收入，除非遇到超體貼的神隊友，否則吵起架來妳

就是底氣不足。

當然啦，如果妳本身有存款，或者娘家有豐富資源，妳想好好帶孩子，那的確沒什麼問題。但我想告訴一些產後母愛大噴發卻又不是富二代的媽媽們，女性經濟獨立很重要，因為人生是很長的，當妳照顧孩子直到 40、50 歲，他們長大了，需要媽媽的時間越來越少，有了同儕、男女朋友，不再對妳那麼依賴的時候，妳有辦法承受嗎？妳可以再度回到職場，或是開始自己的新人生嗎？

當然，面對孩子的主要照顧者該是誰的決定，不該只有妳自己一人煩惱，身為隊友，也應該一起討論。如果妳在孕期，甚至孕前，就知道自己還想要繼續工作，就該讓老公知道妳的想法，先討論是否找到適當時機就將寶寶托育。這樣一來，小孩可以有同儕、朋友，而妳也可以有自己的生活。親子相處重質不重量，一旦妳覺得快樂，才能給予寶寶真正的幸福感。

這也是為什麼我一直強調，知道自己是個什麼樣的母親，知道什麼樣的生活會讓自己快樂，是一件很重要的事。唯有先了解自己，妳才能儘早規劃，與老公好好協調產後該怎麼分工養育孩子，這比該替孩子買什麼衣服、要訂哪間月子中心重要得多。

例如，產後誰有時間負責照顧孩子？誰有能力付出金錢？懷孕有 9 個月，其實妳有不少時間可以跟老公、親友好好討論這些問題，先弄清楚現況及家庭的負擔狀況，了解產後可能有哪些後續問題產生，事先規劃、取得共識，而不是一昧「顧全大局」委屈自己，絕對能夠減少手忙腳亂、匆促下決定造成的怨懟及痛苦。

此外，現代很多女性工作能力強，如果妳的工作收入佳，隊友也願意帶孩子，為什麼一定得是妳辭職帶小孩呢？我見過好幾對夫妻，就是男主內、女主外，只要協調得當，夫妻倆還是快快樂樂，孩子也照顧得很好，真的不用被傳統觀念束縛，認為媽媽就該為孩子犧牲一切。

生產的確美好，但人生美好之外總有許多接踵而至的現實問題，透過這本書，希望提醒大家提早面對這些雖然看似有點殘酷、有點不中聽的事情，與其產後沒有時間思考被迫趕鴨子上架倉促決定，還不如在產前好好的花些時間對未來的生活做個完整規劃，也可以問問看自己的爸媽過去是怎麼把自己養大的。

最後，我無限期支持媽媽的工作權應該被保障，請育嬰假是妳們的權利，產後繼續追求理想成就也是。我知道並不是所有工作環境都對媽媽很友善，但有時候不敢請育嬰假，很可能是自己給自己的壓力。如果妳擔心請育嬰假失去工作，那換個角度想，不請育嬰假，豈不少了很多與寶寶相處的時光？

同樣的，爸爸也應該擁有可以請育嬰假的權利，而且我衷心期盼每個雇主都阿莎力地准假。因為這些選擇，都該是每個人打從心底的甘願，也需要國家、社會、雇主、家庭、伴侶、家人給予支持。如此一來，我們不斷下探的生育率或許才有可能上升吧！

林醫師：「Hello……媽媽，今天七夕妳打算怎麼過？」

冷水媽：「早上送老大去幼稚園，剛剛去買菜，現在在你門診看二寶，
　　　　　等下去接老大，回家做飯，你覺得呢？」

林醫師：「……」（當媽之後過節怨念更深。）

替寶寶選擇適合的照顧者

　　延續新手爸媽都應該有工作選擇權的話題，當育嬰假即將結束，如果夫妻雙方白天都要在職場打拚，那麼寶寶要送保姆照顧還是托嬰中心？或者直接讓阿公阿嬤照顧就好？又是一個新的課題。

　　其實孩子由誰照顧，並沒有標準答案，因為每個人家裡的居住環境、經濟能力、考量狀況都不同，重點在於妳和隊友必須先有共識。畢竟，是只需要托嬰白天或整天？下班時間來得及接小孩嗎？假日要不要托嬰？等等細項問題，都得視你們的情況調整。

　　不管是送保姆、托嬰中心或是給長輩照顧，不同方式都各有優缺點。以價格來說，通常托嬰中心的價格會比保姆稍低一些，如果抽中了公立托育中心，負擔又更減輕了一些。

　　符合法規、環境安全，當然是選擇托嬰中心的基本條件，建議妳一定要親自去一趟，除了參觀環境設施之外，也可了解編制大小、人力配置等條件是否符合需求。有些托嬰中心人數多，小朋友的年齡層分佈較廣，由於寶寶會模仿大小孩，無論是說話、動作、互動，都會發展得更快。

　　但也因為人多，小朋友們東摸西摸之後又往嘴裡塞，很容易

有感染性疾病或是傳染感冒，搞不好這一波感冒終於痊癒了，又被另一個小朋友傳染。不過如果不是太嚴重，例如只是咳嗽、流鼻涕等，基本上不用太過焦慮。換個角度來想，寶寶感冒就像是在更新病毒碼，痊癒之後抵抗力會更好。至於有些寶寶的體質比較敏感，一旦感冒就會轉為細支氣管炎，連呼吸都會有咻咻咻的聲音，那可能就要考慮換個編制小一點的托嬰中心，環境、人口組成越單純，對寶寶的健康比較有利。

相對於托嬰中心，由保姆照顧的最大好處則在於人數少、環境較單純，保姆的專注力也能多分配在寶寶身上。依照目前的政府法規，保姆於同一房舍、同一時間最多受托 4 人；其中收托未滿 2 歲者，最多 2 人。但相對的，保姆的收費也比較高，而且需不需要三節獎金？如果保姆臨時請假，有沒有應變措施？等這類細節問題，建議都要事先思考、溝通清楚，免得之後產生爭議。

假如選擇將寶寶送到保姆家，除了確認有合格證照外，強烈建議妳也要到保姆家觀察環境是否安全？家裡有哪些成員？如果妳對保姆的家庭成員有疑慮，那最好不要冒險。而且，無論是送托嬰中心或找保姆，地點絕對是考量的重點之一。因為幾乎要每天接送，最好離家近或是在上班的路上，如果有突發狀況，妳和隊友也方便前往。

除此之外，也要觀察保姆跟寶寶的互動。雖說謹慎的好保姆難求，但假如太保護小孩，總是不准寶寶做這、做那，長遠來看，對寶寶的發展並沒有幫助，有時會聽到很多爸媽說晚上孩子都不

睡覺，搞得自己身心俱疲，其實很大一個可能的原因就是白天睡太多，那當然晚上就睡不著覺了，所以選擇白天有耐心陪孩子玩樂，願意多在白天消耗孩子體力的保姆，那就是再好不過了。

而且如果保姆照顧得太好，讓寶寶過度依賴她，不免也會讓媽妳玻璃心碎。我建議，即身為職業婦女很辛苦，下班後也要多抱抱小孩，對他說說話，否則當寶寶想找妳玩，妳卻因下班累得半死，只想放空追劇而忽略了寶寶，久而久之，親子之間會越來越生疏。

陪伴是重質不重量的，即使考量現實狀況，必須將寶寶托給其他人照顧，但妳和隊友還是得空出時間好好陪伴寶寶，例如餵寶寶吃晚餐、假日就全心照顧寶寶、講故事等等，都是很好的親子時光，在短短的時間中給寶寶很多的愛，也能增加親子之間的親密感。

現在有許多小家庭也會選擇將寶寶託給長輩、親人照顧，假如長輩體力能夠負荷又溝通得來，其實這是一個很好的選擇，畢竟妳對於自己的爸媽總是比較放心對吧。

假如平常寶寶只有阿公、阿嬤照顧，待在家的時間較長，我建議妳休假時多帶寶寶出門走走，或是參加一些共讀、肢體韻律等活動，讓寶寶接受多一點的外來刺激，對發育都更有幫助。另一方面，可以鼓勵長輩參加育兒課程，嘗試考保姆證照，在課程中可以獲得新的育兒知識，雙方溝通起來也會更順利。

無論選擇哪一種方式，最重要的就是要尊重別人的育兒方式。

你們可以溝通、可以協調、互相磨合，但不能一昧要求別人按照妳的方法去做。畢竟實際上，的確是其他的照顧者跟寶寶長時間相處，太多的干涉，只會讓雙方都不開心。

最後我想提醒的是，如同該不該辭職在家帶小孩一樣，孩子應該由誰照顧，妳在懷孕期間就應該先和隊友討論，並盤點後援系統，例如有沒有長輩、親友幫忙？該找托嬰中心或保姆？家中經濟能力可以負擔多少？等到寶寶出生時，才不會像無頭蒼蠅求助無門哦。

總是瘦不下來的 2 公斤

聊到「慘後」的產物，最令人傷感的，莫過於發生在妳身上的各種「走鐘」：腦袋好像變笨、體力下滑，當然，還有那始終瘦不下來的 2 公斤以及甩不掉的腰內肉。

其中，最令妳在意的，大概是身材走鐘問題。由於懷孕時將整個肚皮撐鬆，所以產後媽媽吃虧的地方在於，明明體重沒變，產前的葫蘆腰身卻遙遠得像上輩子的事，而現在的小腹則是不太懂事，老是微凸在褲頭之外。

這是因為沒懷孕之前，即使妳沒有運動習慣，至少皮是緊的，但生產之後，皮鬆、腹直肌又無力，整個肚皮看起來就會鬆鬆垮垮。還有，生完孩子屁股會大一圈可不是無稽之談，更不是推托藉口，因為生產時體內會分泌鬆弛素，屬於少動關節的骨盆關節之間的距離變寬，視覺上來說，就會覺得屁股大了一圈。再加上產後時常要彎腰抱小孩，用手臂及背部發力，部分肌肉變得發達，看上去就容易變得虎背熊腰。

也就是說，產後婦女最大的問題可能不是體重，而是身形。很殘酷的是，現在妳不能像少女時期，餓個幾天就瘦回來，不但

產前要運動，產後也得繼續維持，並且針對部位肌群（例如腹部）作加強訓練，才有可能回到產前緊實的狀態。

我也不反對纏骨盆帶、穿塑身衣，或者找合格整脊師整骨。不過，這些的作用都只在於幫助骨頭歸位，消滅脂肪和肌肉的鍛煉，仍舊要靠妳的意志力喔。

其實，產後如果有持續維持一天 1000c.c. 左右的擠奶量，一天就會多消耗幾百卡的熱量，只要攝取的熱量沒有超標，原則上產後瘦身並不是夢。瘦不下來的最大原因就是，熱量攝取得太多，所以雖然哺乳期間必須吃得營養，但營養可不能與高熱量劃上等號，必須斟酌自己有沒有吃進太多容易囤積的精緻澱粉、糖、油炸物。

不過呢，走鐘分兩種，一種是心寬體胖，開開心心，也沒必要非得逼迫自己瘦下來；但如果妳是對於自己身材很在意的媽媽，我會建議妳除了均衡飲食，也要認真運動。運動不僅能加速恢復身形，還能改善產後體力下滑的問題。由於哺乳時持續在消耗能量，可能體重沒有明顯下降，但體內營養素不斷被消耗，所以往往會更累、體力變差，所以我才一直呼籲，產後要持續運動、吃營養補充品，維持身體機能。

我知道談到這裡，台中的王媽媽已經想 call in 進來說：「忙小孩的事都忙死了！哪還有時間運動！」的確，產後會相當忙碌，但如果有這種拖延心態，可能妳的身材就真的再也回不去了。

因為，瘦身這種事，一旦「等一下」往往就會無疾而終；最佳的瘦身時機點，從產後那一刻就開始了。換個角度想，越早開

始運動，持之以恆的機率就越高。妳想，在寶寶剛出生，忙得焦頭爛額的時候，妳都能空出時間運動；往後寶寶越大，不用再 24 小時待命的時候，想維持運動習慣當然就更容易。

而且，趁運動時讓別人接手照顧寶寶，妳不但可以在自己專屬的運動時間喘口氣，運動也會促進分泌多巴胺，有助於妳釋放壓力，讓情緒變好，降低產後憂鬱的狀況發生。都說成這樣了，還不趕快去運動嗎？

大家都知道，有時瘦身拚的就是一口氣，羞恥心被刺激到了，自然就會想減肥。如果妳真心想被認真刺激一下，我建議妳把跟眾多媽媽們聚在一起聊團購及育兒經的時間，撥一點跟未婚或還沒生孩子的姐妹淘聚會，看看她們還沒被撐鬆的緊實腰身，或許也有助妳儘早立下毒誓瘦一波。

孩子是父母最重要的寶貝，但妳的身體是一輩子的資產，祝福妳要嘛開懷得胖，要嘛就是順利的瘦下來喔！

妳是母親，也是妻子、是自己

有人說：「婚姻不是愛情的墳墓，孩子才是。」妳想過為什麼嗎？

因為相愛，讓兩人決定結婚攜手一輩子，但當一對夫妻之間加入新成員——寶寶，原本的生活形態也會隨之改變。或許老公回家第一件事不是親妳，而是立刻衝去抱寶寶；而妳也可能因為寶寶紅屁屁、寶寶又哭了，每天指責老公照顧孩子時沒注意。漸漸地，兩夫妻好像只能繞著孩子打轉，而且還因為照顧孩子的方式不同調，寶寶居然成為最常引起夫妻爭吵的爆點。但妳知道嗎，**「孩子總有一天會長大，隊友才是伴妳一生的人。」**

我印象很深刻，某部脫口秀的女主持人因為育有一女，她說：「大家常問我一個充滿性別歧視的問題：『妳怎麼有辦法兼顧工作和家庭？』但他們不會這樣問男人，因為男人多半時間不會把注意力放在家庭上。」聽起來很諷刺，也反映出一個現實：現代社會絕大多數還是認為小孩是太太的責任。

但孩子應是夫妻共同分擔的責任，妳應該時刻提醒自己，產後一旦恢復工作，媽媽跟爸爸角色最大的差別只在於哺乳。除此之外，媽媽的心態應該要跟爸爸一樣。

　　說穿了，夫妻之間會吵架，有些時候是夫妻雙方溝通不良，也有很多時候是放不下孩子，將雙方逼得很緊，壓得彼此都喘不過氣。尤其當媽媽的，更容易把小孩放在第一順位。怎麼說呢？例如妳叫爸爸去哄睡孩子，沒想到爸爸卻被孩子哄睡；或者妳總是看到爸爸一邊打手遊一邊抱著孩子⋯⋯這種少根筋的育兒方式，往往讓這個將陪妳一生的枕邊人，就這樣淪落為惹火人的豬隊友。不過，當妳抱怨老公兩光時，我反而覺得，偶爾試著用老公的方式照顧小孩（過度危險放任除外），睜一隻眼閉一隻眼、放過自己，妳可能會覺得快樂、輕鬆很多。

　　剛出生的寶寶，的確需要常伴左右的照顧，但是 1 年後、2 年後，其實就不一定了，只要分配好時間，真的不需要無時無刻跟孩子綁在一起。只要妳可以適時給自己喘息的空間，敞開心胸與老公溝通，而不是一昧痛罵或上網公審他，我相信，小孩絕對能讓婚姻關係更好。否則，孩子又怎麼會被稱為「愛的結晶」呢？

　　如果妳是那種魔人等級的媽媽，總是火力全開、一切都自己來、盡心盡力搶著照顧孩子，讓孩子成為妳的全部，表面上看起來妳既盡責又充滿母愛，把寶寶照顧得頭好壯壯，將家裡打理得有條不紊。可是，當妳看到未婚的閨蜜們打扮得漂漂亮亮去玩，反觀自己只能關在家陪孩子看巧虎，心裡難免有些失落感；當妳看到其他夫妻出門約會、看電影，內心也會有點怨懟，為什麼有了孩子之後，一切都變了；當妳偶爾出門，也還是默默走進童裝店幫孩子挑選東西，內心也會有感慨，為什麼好像失去自己。

　　其實呀，很多時候，是妳自己沒有走出去，忽略了自己的感

受。妳當然可以給孩子很多很多的愛，但別忘了愛身邊的人，否則老公可能只會一路豬下去；也別忘了愛自己，否則整天像個怨婦一般，老公看了痛苦、孩子壓力也很大。

很多媽媽在孩子出生之後，將重心放在孩子身上，這沒有錯，但重心不一定只有一個啊！妳可以在陪寶寶時，當個盡責的媽媽；在做自己喜歡的事情時，盡可能地討好自己。而不是忙工作、去放風時擔心寶寶，照顧寶寶時又掛心著其他事情，下場就是什麼都做不好。把時間分配好，放下無謂的焦慮跟不安，趕緊把失落的自己找回來吧！

而且，將愛分給老公、分給自己，不代表妳給孩子的愛不完整，相反的，好好照顧自己，讓自己快樂，也就等同於對老公好、對孩子好，這份愛能更全面、讓更多人快樂，而不是孤注一擲在寶寶身上，讓愛成為牢籠，一家子困在裡頭，誰都開心不起來。

是的，照顧孩子之餘，請不要忘記妳自己是個什麼樣的人，請保有自己的人生。一個家，是由妳、老公、孩子這幾個獨立的個體所組成，本來就沒有誰應該為了誰犧牲所有。孩子的到來，應該是讓妳的人生有不同的意義、不同的經歷，而不是讓妳往後的生活只能黯淡無光。

仔細想想，這些峰迴路轉的體驗，就像妳生養孩子的過程。很多事妳沒辦法掌控，很多未知妳無法預料，所以請告訴自己，不要執著於眼前的小事。因為 5 年、10 年後再回頭看，妳會發現那都只是人生的過程。而妳能做的，就是在這段路途中保持快樂，好好珍惜身邊的隊友、好好愛孩子，讓家成為最溫暖的避風港。

診 間 對 話

慘後婦 A：「以前一年出國 5 次，生小孩後已經 3 年沒出國了！」

慘後婦 B：「以前夜店是我第二故鄉，生了小孩只能逛童裝店了！」

慘後婦 C：「以前包包裡裝化妝品，現在只能塞尿布奶瓶！」

謝謝你來當我的孩子

因為身為婦產科醫生的關係,我的臉書加了許多媽媽為好友,也因為如此,經常每隔幾天就會看到有媽媽在寶寶生日時回顧動態,寫下產後這些日子以來的心得:「謝謝你來當我的孩子,讓我學習到很多事情,雖然你有時候愛哭很煩,但你的確豐富了我的人生……」

從事這個職業,不單純是體會迎接新生命的感動,同時,總能從親子互動中看見很多事情。每個孩子一出生,從哭到笑,就是一段學習的過程。孩子在學習怎麼當個孩子,父母也在學習怎麼當父母,而且並不只是學著照顧孩子,更多時候,其實是在檢視自己做人的道理,學著如何當一個人。

聽過一個有趣的說法,孩子與生俱來的個性,其實都是為了與父母的不足之處磨合。雖然這很難驗證,但仔細想想,我相信這是真的。

也許妳以前特別急躁沒耐心,偏偏孩子就需要妳輕聲哄、慢慢來,漸漸地,妳的耐心也開始用來對待身邊其他人,因為妳終於發現,急也沒用。也許妳本來個性固執不愛聽別人意見,生產後卻像變了一個人,因為妳想給孩子好的榜樣,就會試著去調整

自己的不足，進而影響到待人處事，讓我們成為一個更好的大人。

　　在孩子出生之前，妳可能未曾如此全心全意愛一個人，即便是枕邊人，也未必能夠如此去愛。尤其我們對孩子不會有戒心，孩子所做的一切沒有任何心機或算計，當妳看待孩子的眼光不同，付出的愛也就更加完整無私。

　　我常常在想，如果所有人對待親人朋友，就像對待孩子一樣，沒有任何預設立場或算計，這個世界肯定會快樂、和平得多。這本應該是大人該做到的事，卻由孩子來教會我們，誰說大人懂的一定比孩子多？

　　看完了這整本書，妳一定明白了，養育孩子的過程中會有許多前所未有的體驗，甜美的、辛苦的、崩潰的、欣慰的……。但無論如何，孩子的出現，都讓妳經歷完全不一樣的人生，學習到以前從未了解的事情。

　　無私付出愛的過程當中，受惠的不只是孩子，妳也逐步成為一個成熟的大人。學習承擔責任，學習為孩子遮風避雨，學習那些以前老爸老媽為妳打理好的事情，這些都是妳未曾想過的人生吧。

　　而且也可能是因為有了孩子，壓力變大了、負擔變重了，妳這才發現，原本看起來東晃西晃的老公，其實很有肩膀的扛住很多事。孩子半夜哭鬧時，是老公第一個跳下床去泡奶；孩子整個屁股沾滿大便時，老公二話不說抱去洗屁股……，這些哭笑不得的育兒經驗，都讓夫妻間的感情更堅實。真要說起來，就類似是

「患難見真情」的概念吧！

　　我想，「謝謝你來當我的孩子」，不是一句空泛的台詞，而是一股真心的感謝。感謝孩子豐富了生命，感謝孩子讓妳變得堅強，感謝孩子讓妳無私去愛，感謝孩子讓妳我都成為一個更好的人。

♥ 謝謝妳們來當我的產婦,也謝謝妳們帶著孩子來到這個美好的世界。

圖／Alisa Hsu

263

特別收錄

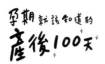

一句話惹怒產婦全紀錄

其實，產婦沒有那麼玻璃心，有時候是旁人沒神經，

本篇特別收錄最容易惹惱剛生產完產婦的一句話，

不管你是無心還是少根筋，

媽媽的地雷千萬千萬不要踩！

生男生女、生幾個和你何干？

✧ 沒關係，下次生一個「男」的。

✧ 女兒「也」很好。

✧ 什麼時候生第二胎？

✧ 趕快接著生，一起顧才不會這麼累。

✧ 再生一個一定是男生啊！

✧ 再生一個來玩啊！

✧ 再生一個！拚男的！

✧ 可惜是個女的。

✧ 這個年代妳還敢生孩子，真有種。

你才胖，你全家都胖！

✧ 不是生完了，肚子怎麼還這麼大。

✧ 是不是又有了（看肚子）

✧ 你預產期是幾月幾號？生完該減肥了喔！

✧ 小孩怎麼這麼小隻啊？是都胖在媽媽身上嗎？

✧ 怎麼生完也沒比較瘦。

✧ 妳怎麼看起來好像還沒生耶！

✧ 肚子怎麼還那麼大，妳完了妳瘦不下來了！

✧ 妳現在有媽媽味了喔！

你最會你來帶

✧ 小孩睡妳跟著睡就好了啊！

✧ 我覺得只要有人幫忙準備三餐，可以不用去月子中心！

✧ 顧小孩還睡這麼晚，貪睡。

✧ 連帶小孩都不會。

✧ 小孩為什麼在哭？

✧ 不要吃外面啦，不夠營養，寶寶睡覺時妳可以自己煮啊！

✧ 生孩子能花什麼錢？不就奶粉尿布。

✧ 生小孩那麼簡單又不會痛，有需要人照顧嗎？

✧ 月子中心的錢 20 幾萬～不會省起來哦！

✧ 妳很爽欸！！在家帶小孩可以睡一整天。

✧ 換尿布、餵奶動作要快一點！

✧ 不要一直抱小孩。

◇ 在家裡顧孩子很輕鬆吼！？

◇ 小孩自己帶才會親啦！

◇ 寶寶穿那麼少，妳不冷不代表寶寶不冷！（強行加衣）

我的奶也要管？

◇ 奶夠嗎？（伸手戳）

◇ 沒母奶？一定是不夠認真齁！

◇ 有奶了嗎？有奶了嗎？怎麼會塞奶呢？要多親餵啊！

◇ 妳就躺著餵很方便啊！有什麼難的。

◇ 寶寶又哭了，肯定是妳的奶水不夠，吃不飽。

◇ 一定要餵母奶！

◇ 有奶嗎？為什麼沒有？都幾天了還沒有。

◇ 有擠母奶嗎？擠多少？

◇ 胸部這麼大怎麼沒有母奶，中看不中用。

◇ 妳就是胸部太小才沒有奶！

◇ 妳都沒有好好的餵母乳，真是個不盡責的媽媽！

◇ 奶水夠嗎？小孩是不是吃不飽？

那你不會自己生？

◇ 怎麼小孩那麼輕？我生都快 4000g 了。

◇ 是不是沒運動所以最後剖腹產？

◇ 蛤～妳這麼大隻還有打無痛喔！人家比妳小隻都沒有打
耶。

◇ 小孩一定是像妳，鼻子才這麼扁。

✧ 有那麼痛嗎？

✧ 剖腹不好，幹嘛不自然產。

✧ 小孩怎麼那麼小隻。

✧ 妳看！生小孩一點都不難吧！

✧ 怎麼生那麼久？

✧ 妳懷孕的時候一定是吃了什麼，寶寶才會這樣。

你怎樣、別人怎樣，關我什麼事？

✧ 我以前生完第二天就下田工作了。

✧ 以前我們生完還不是孩子揹著家事照做。

✧ 我們以前都是怎樣怎樣帶小孩，妳們都太好命，都太寵
小孩。

✧ 我們以前都是這樣做，誰誰誰都是這樣。

✧ 坐月子中心也太貴了吧！我們以前哪像妳們現在這麼好
命。

✧ 別的產婦剛生完為什麼健步如飛？

✧ 為什麼別人寶寶做完月子抱回來就白白胖胖的……妳的
小孩還是一樣！

✧ 人家我們以前哪有什麼月子中心，去月子中心是虛榮心
啦！

✧ 我以前也是這樣一次帶 3 個小孩啊，妳一次雙胞胎又沒
有什麼，我還不是這樣過來的！

✧ 坐月子不能洗頭不能洗澡，要包的緊緊的妳看別人都包
成這樣，以後老了妳就知道。

✧ 我以前生完就自己幫小孩洗澡了，妳怎麼還躺著。

✧ 我們以前都是工作到生的。

✧ 我那時候出院帶回家就讓寶寶睡過夜了！

✧ 我＿＿小時就生完了。

✧ 麻油雞就是要加酒煮才補呀！我以前就是這樣吃。

✧ 唉唷～聽說打無痛會腰痠呀，○○○都沒打，忍一下就
　過了。

雙層呵護 加倍疼愛

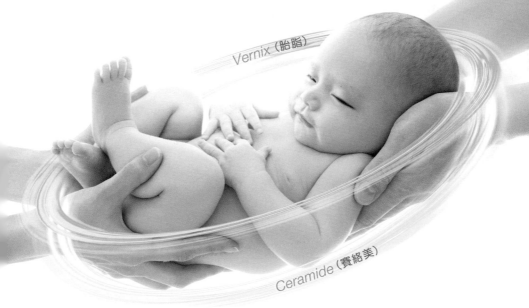

Vernix (胎脂)

Ceramide (賽絡美)

Newborn Pure 新生兒純淨肌膚保養系列
Natulayer™ 自然保濕配方提供雙重保濕

當寶寶在媽媽的肚子裡，由胎脂和天然脂質賽絡美形成一天然防護層，
為寶寶的肌膚提供良好的保護。

出生後的寶寶，肌膚需要特別的照護，
Newborn Pure新生兒純淨肌膚保養系列
採用Natulayer™自然保濕配方，
含有和此天然防護層相似的保濕成份。

藉由鎖住水份提供滋潤和保護，
為寶寶細緻的肌膚提供最天然的防護！

提供雙重保濕

胎脂

賽絡美

肌膚表層

來自日本

北市衛粧廣字第 105080749 號

PIGEON P
PIGEON CORPORATION ,Tokyo Japan
總 代 理：世潮企業股份有限公司
地　　址：台北市內湖區瑞光路607號8樓
電　　話：02-27986888

更多資訊請上 台灣貝親官網

![logo] 高寶書版集團
gobooks.com.tw

HD 100
孕期就該知道的產後100天
產婦身心與新生兒照護指南，陪妳做不完美的快樂媽媽

作　　者　林思宏、徐碩澤
主　　編　楊雅筑
封面設計　黃馨儀
封面攝影　噗比攝影
內頁設計　黃馨儀
內頁排版　趙小芳
企　　劃　何嘉雯

發 行 人　朱凱蕾
出　　版　英屬維京群島商高寶國際有限公司台灣分公司
　　　　　Global Group Holdings, Ltd.
地　　址　台北市內湖區洲子街88號3樓
網　　址　gobooks.com.tw
電　　話　（02）27992788
電　　郵　readers@gobooks.com.tw（讀者服務部）
　　　　　pr@gobooks.com.tw（公關諮詢部）
傳　　真　出版部（02）27990909　行銷部（02）27993088
郵政劃撥　19394552
戶　　名　英屬維京群島商高寶國際有限公司台灣分公司
發　　行　英屬維京群島商高寶國際有限公司台灣分公司
初版日期　2018年11月

國家圖書館出版品預行編目（CIP）資料

孕期就該知道的產後100天：產婦身心與新生兒照護指南,
陪妳做不完美的快樂媽媽 / 林思宏, 徐碩澤著 .-- 初版. --
臺北市：高寶國際出版：高寶國際發行, 2018. 11
　　面；　公分. -- （HD 100）

1.育兒　2.產後照護

ISBN 978-986-361-603-0（平裝）
428　　　　　　　　　　　　　　　107017827